PLANTES ET BÊTES

CAUSERIES FAMILIÈRES

SUR L'HISTOIRE NATURELLE

COURONNÉ PAR L'ACADÉMIE FRANÇAISE

PLANTES ET BÊTES

CAUSERIES FAMILIÈRES

SUR L'HISTOIRE NATURELLE

PAR

JULES PIZZETTA

OFFICIER DE L'INSTRUCTION PUBLIQUE

AU BORD DE LA MER

ILLUSTRÉ DE 62 GRAVURES

DEUXIÈME TIRAGE

PARIS

A. HENNUYER, IMPRIMEUR-ÉDITEUR

47, RUE LAFFITTE, 47

AU BORD DE LA MER

PREMIÈRE IMPRESSION. — SUR LA PLAGE.

LES MOLLUSQUES. — LES CÉPHALOPODES. — LES CRUSTACÉS.

LES ZOOPHYTES. — LES ALGUES.

UNE VENTE A FÉCAMP. — LES POISSONS DE RIVAGE.

LES REQUINS. — L'AQUARIUM.

AU BORD DE LA MER

I

PREMIÈRE IMPRESSION.

Lors de mes dernières vacances, il avait été convenu, avec le docteur Magnus, que nous irions passer une huitaine de jours sur le littoral. Je me rendis à pied chez mon oncle, en Normandie, où nous devions nous réunir.

J'avais pris le chemin des écoliers, et, après quelques jours de marche, rien encore ne m'indiquait le voisinage de la mer, lorsque, au détour d'un petit chemin creux, je me trouvai tout à coup au bord d'un long précipice coupé à pic : c'étaient les falaises normandes. Devant moi, comme un abîme, s'étendait l'Océan.

Je me rappellerai toujours l'impression que fit sur moi la vue de la mer, lorsque je la vis pour la première fois.

Quand je vis cette nappe immense se dérouler brusquement devant mes yeux, je restai frappé d'étonnement et d'admiration. La mer, se fondant à l'horizon avec le ciel, me parut comme lui infinie et mystérieuse. Je ne pouvais m'arracher à ce merveilleux spectacle, le plus majestueux et le plus varié qu'il soit donné à l'homme de contempler.

C'est surtout du haut de ces falaises qu'on jouit des magiques tableaux que présente la mer. La marée monte; on voit dans le lointain la vague qui s'avance d'un mouvement uniforme, grandissant, grandissant, comme si elle allait tout engloutir; puis on la voit qui décroît peu à peu en approchant du rivage, pour finir en une mince lame d'eau qui se recourbe en volute et se brise enfin sur la grève, qu'elle couvre de sa blanche écume. Et lorsque vient le soir, quel grand et beau spectacle que celui des derniers rayons du soleil couchant qui glacent de pourpre et d'or le vert sombre des flots !

D'autres fois, les nuages s'amoncellent comme de lointains écueils ; l'air s'obscurcit, les ténèbres envahissent la plage et ne laissent que juste assez de lumière pour voir la tempête. Les vents déchaînés soulèvent les vagues, et les lançant sur la grève, semblent vouloir jeter l'Océan tout entier hors de son lit. C'est alors que la mer fait entendre cette grande voix qui retentit au fond de l'âme, en la remplissant de crainte et d'admiration.

Mais à la tempête succède le calme; véritable Protée, l'Océan change à chaque instant d'aspect, et cette mer en fureur, qui semblait, hier encore, vouloir tout engloutir, offre aujourd'hui l'apparence d'une vaste étendue d'huile. Quel qu'il soit, d'ailleurs, le spectacle de la mer fait toujours une impression profonde.

L'eau est le plus mobile des éléments; jamais elle

n'est en repos; même quand il semble sommeiller, l'Océan est en mouvement. Lorsque le soleil darde ses rayons sur la vaste étendue des mers, des milliards de gouttes imperceptibles s'en détachent sous forme de vapeurs, et montent, portées par les vents, dans les hautes régions. Elles se rassemblent en nuages, courent au-dessus du globe et retombent tantôt en un orage impétueux qui porte avec lui la destruction et la ruine, tantôt en une pluie salutaire qui rafraîchit et fertilise le sol. La terre aspire ces ondées bienfaisantes par tous ses pores ; l'eau pénètre dans son sein par une quantité d'artères invisibles et remplit ses réservoirs inconnus. Puis ces mêmes eaux se font jour par quelque crevasse et bondissent dans les ravins. Le ruisseau se joint au ruisseau pour former une rivière ; celle-ci se mêle à d'autres cours d'eau, et les fleuves formés par ces affluents s'épanchent dans les vallées et retournent à l'Océan d'où ils sont sortis.

La vie et le bien-être de tout ce qui respire sur le globe dépendent de l'équilibre et du mouvement des eaux. Sans l'Océan, la terre ne serait, comme la lune où manque l'eau, qu'une masse inerte, privée de vie, roulant silencieusement dans l'espace, insensible aux rayons vivifiants du soleil. L'Océan est la source fécondante de la vie organique, comme il est la source de chaque ruisseau qui fertilise le sol, de chaque nuage qui rafraîchit l'air; sans lui, pas une herbe verte, pas un épi doré, point de fleurs, pas de fruits ; sans lui, pas un être animé à la surface du sol. _

SUR LA PLAGE.

Les excursions sur le littoral avaient pour moi un grand attrait, et l'idée de l'explorer avec le docteur Magnus me causait un véritable plaisir. De chez mon oncle, le chemin de fer devait nous y mener en une heure ; mais, pour éviter un dérangement journalier, il fut convenu que ma cousine Émilie, qui désirait y prendre part, irait loger chez une sœur de sa mère qui l'aimait tendrement et habitait Fécamp, tandis que le docteur et moi nous nous installerions à l'hôtel. La chose ainsi arrêtée au gré de toutes les parties intéressées, nous partîmes un beau matin pour la mettre à exécution ; mais vous allez voir comment « l'homme propose et la femme dispose ».

La tante d'Émilie, Mme de Senneville, veuve et jeune encore, possédait à Fécamp une fort jolie propriété devant laquelle nous arrivions un peu avant midi.

Une grille de fort belle apparence ouvrait sur un magnifique jardin. Au bruit de la cloche, que je venais de mettre en branle, répondirent de formidables aboiements, et nous vîmes bientôt accourir un vieux serviteur, dont les épais cheveux gris, la figure souriante et l'absence de livrée me firent bien augurer du logis.

— Paix ! Sultan, paix ! disait-il, pour calmer le chien.

Et il vint ouvrir la grille.

— Hé mais ! c'est Mlle Émilie, s'écria-t-il d'un air content. En bonne santé, à ce que je vois, et en bonne compagnie, ajouta-t-il en nous saluant.

— Bonjour, Prosper, dit Émilie ; ma tante est-elle chez elle ?

— Certainement, mademoiselle, et elle sera bien contente de vous voir. Mais entrez donc, messieurs, dit-il en s'effaçant pour nous livrer passage.

Émilie alla caresser l'énorme tête de Sultan, magnifique chien de Terre-Neuve, dont les terribles aboiements se changèrent en petits cris de plaisir en reconnaissant un ami ; et, précédés du digne Prosper, qui, à ce que m'apprit ma cousine, était le père nourricier de Mme de Senneville et par goût remplissait les fonctions de jardinier, nous montâmes les degrés d'un élégant perron qui donnait sur un petit salon d'attente. Nous n'y étions pas depuis cinq minutes, lorsqu'une porte s'ouvrit et donna passage à une femme d'une tournure à la fois noble et élégante, qui paraissait avoir trente et quelques années. Nous nous levâmes à son approche, et Émilie alla se jeter dans les bras qu'elle lui tendait.

— Te voilà donc, ma chère enfant, dit-elle en l'embrassant ; que je suis aise de te voir !

Puis, se tournant vers nous avec un gracieux sourire :

— Mille pardons, messieurs, nous dit-elle, de cette scène de famille ; mais voilà six mois au moins que je n'ai vu ma belle nièce.

Je m'inclinai et j'allais répondre, lorsque Émilie s'empressa de nous présenter.

— Ma tante, dit-elle, voici M. le docteur Magnus, notre voisin et notre ami, et M. Paul Darbois, mon cousin du côté de mon père, qui ont bien voulu m'accompagner jusqu'ici.

— Et je les en remercie, dit Mme de Senneville. Mais ces messieurs ne sont pas des étrangers pour moi, dit-elle en nous adressant un aimable sourire. M. le docteur Magnus est fort connu dans ces parages, où chaque jour il n'est question que de son vaste savoir et de son inépuisable bienfaisance.

Le bon docteur s'inclina d'un air embarrassé. Cet éloge, pourtant si mérité, semblait le mettre mal à l'aise.

— Quant à M. Paul Darbois, continua-t-elle, il est de la famille, et bien que je n'aie pas encore eu le plaisir de le voir, j'en ai entendu parler dans les termes les plus favorables.

Et s'avançant vers nous, elle nous tendit la main d'un geste gracieux.

— Mais le voyage a dû vous mettre en appétit ; dans un quart d'heure le déjeuner sera servi. Pierre, dit-elle en s'approchant de la fenêtre qui donnait sur le jardin, conduisez ces messieurs dans la chambre bleue. Vous serez là complètement chez vous, nous dit-elle.

PLAGE DE FÉCAMP.

Ses manières étaient tellement engageantes et naturelles, que nous n'osâmes faire aucune objection, le docteur et moi.

— Bah ! lui dis-je dès que nous fûmes seuls, déjeunons, puisque tel est le bon plaisir de Mme de Senneville ; nous ne pouvons faire moins pour reconnaître son amabilité ; puis nous prendrons congé d'elle. Nous en serons quittes pour une visite de digestion.

— Croyez-vous ? me dit le docteur en souriant ; je crains bien que nous ne nous soyons pris au trébuchet.

Dix minutes après, nous avions fait nos ablutions et réparé autant que possible le désordre de nos toilettes, et nous descendîmes dans la salle à manger, où nous attendaient Mme de Senneville et Émilie. Le déjeuner était à la fois abondant et délicat ; nous y fîmes tous honneur. Au dessert toute gêne avait disparu, et nous étions les meilleurs amis du monde.

— J'espère, dit Mme de Senneville en s'adressant au docteur et à moi, que vous nous restez quelque temps ?

— Mon Dieu, madame, répondit le docteur, nous sommes venus dans le pays avec l'intention de faire quelques études d'histoire naturelle sur le littoral, et sans notre désir de remettre Mlle Émilie entre vos mains, nous n'aurions pas été assez indiscrets pour nous présenter chez vous sans y être autorisés.

— Eh bien, monsieur, vous ne sauriez être mieux qu'ici pour mettre vos projets à exécution ; nous sommes à dix minutes de la mer, que l'on aperçoit du belvéder, et vous serez libres comme l'air. La seule règle à suivre est celle des repas, qu'annonce la cloche. C'est moi qui serai votre obligée de vouloir bien tenir un peu compagnie à deux simples femmes comme nous, et je vous saurais mauvais gré d'aller chercher un gîte ailleurs. N'est-ce pas, mignonne ?

— Ma tante, dit Émilie en riant, vous savez que je partage en tout votre manière de voir.

— A la bonne heure ! Eh bien, voilà qui est entendu.

On avouera qu'il était difficile de réfuter de pareils arguments ; aussi, ne sachant que répondre, nous gardions le silence, et l'on sait que, comme dit le proverbe, « qui ne dit mot consent ».

— Si vous le voulez bien, ajouta Mme de Senneville, nous irons faire un tour sur la plage en attendant l'heure du dîner, et vous pourrez ainsi juger des points favorables à vos études.

Il n'est point besoin de dire que nous acceptâmes avec empressement, et les dames s'étant coiffées d'un large chapeau de paille, nous prîmes le chemin de la falaise, où nous arrivâmes au bout de dix minutes. Le docteur donnait le bras à Mme de Senneville, et naturellement j'avais offert le mien à ma cousine. Nous restâmes quelques instants, en silence, à contempler le merveilleux spectacle qui se déroulait devant nos yeux. La mer montait, et les vagues, en déferlant sur la grève, venaient se briser sur d'é-

normes roches qu'elles couvraient d'une blanche
écume, en jaillissant de tous côtés comme un bou-
quet de feu d'artifice.

— Je n'ai jamais bien compris ce phénomène singulier des marées, dit Émilie; je sais qu'il est dû à
l'attraction universelle, et que la lune y joue un rôle
important; mais à cela se borne tout mon savoir.

— Mon Dieu, ma cousine, lui dis-je en riant,
n'allez pas, comme le philosophe de Stagire, vous
désespérer pour si peu et vous précipiter dans les
flots.

— Et quel est ce philosophe de Stagire? demanda
Mme de Senneville.

— Mesdames, je vous demande pardon de mon
pédantisme; je voulais parler d'Aristote, qui, pré-
tend-on, se jeta dans la mer et s'y noya, de dépit de
n'avoir pu expliquer la cause des marées. Cette cause,
vous le savez, madame, est la force d'attraction qui
régit l'univers. Obéissant à cette force invisible,
mais constante, les eaux de la mer s'élèvent deux
fois par jour sur les côtes de l'Océan, et deux fois
s'abaissent par un mouvement inverse. Cette première phase de la marée, qu'on appelle *marée montante, marée haute* ou *flux*, dure six heures; au bout
de ce temps, la mer semble rester à l'état de repos
durant un quart d'heure environ, après lequel les
eaux redescendent pendant six autres heures. Cette
seconde phase, périodique et régulière comme la première, s'appelle *marée descendante, marée basse* ou
reflux. Ce mouvement de retraite est encore suivi

d'un quart d'heure de repos, après lequel le flux recommence, et ainsi de suite alternativement. C'est la lune qui attire les eaux de l'Océan et les soulève ou les laisse retomber, selon que le mouvement de la terre les soumet ou les dérobe à son action attractive. Le soleil, quoique éloigné de notre globe d'environ trente-huit millions de lieues, conserve, en raison de son volume, une certaine force d'attraction sur les eaux, mais beaucoup moins sensible que celle de la lune. Quand les deux astres passent ensemble au méridien ou dans le point opposé du ciel, c'est-à-dire dans la nouvelle et dans la pleine lune, les deux forces d'attraction s'ajoutent, et il en résulte une marée plus forte. Lorsque, au contraire, les deux astres se trouvent dans des points du ciel opposés l'un à l'autre, c'est-à-dire dans le premier et dans le dernier quartier de la lune, leurs forces se contrarient et la marée qui en résulte n'est que la différence ou l'excès de la force d'attraction de la lune sur celle du soleil.

— Voilà qui est très clair, et je comprends assez bien cela, dit ma charmante interlocutrice; mais je crois que la lune ne revient au-dessus de nous que toutes les vingt-quatre heures. Comment se fait-il donc que nous ayons une nouvelle marée montante au bout de douze heures?

— Cette remarque, madame, fait honneur à votre esprit d'observation, et la cause de ce phénomène paraît cette fois moins simple, en effet. Lorsque les eaux sont soulevées sur le point de la terre que

regarde la lune, elles le sont également du côté
opposé, c'est-à-dire aux antipodes; c'est ce que dé-
montre l'expérience, et voilà l'explication qu'en
donne la science : la lune agit plus fortement sur
les eaux situées au-dessous d'elle que sur la terre,
et les y fait affluer; mais en même temps elle agit
plus fortement sur le globe terrestre que sur les eaux
qui le couvrent au point opposé. Ces eaux resteront
donc pour ainsi dire en arrière, ou, si vous aimez
mieux, la terre s'élèvera vers la lune en s'éloignant
des eaux, et celles-ci paraîtront s'élever pour les
habitants des antipodes.

— Ah ! très bien ; je comprends maintenant et je
vous remercie, monsieur. Mais si vous le voulez
bien, dit Mme de Senneville, nous descendrons sur
la plage ; la mer commence à se retirer.

Nous suivîmes alors un petit sentier qui, par une
pente assez rapide, descendait en serpentant le long
des falaises, et nous arrivâmes bientôt sur la plage,
couverte en quelques endroits d'énormes blocs de
rochers. Sur d'autres points, les eaux avaient découpé et façonné la craie en formes singulières.

— Ne croirait-on pas voir un décor de théâtre ?
dit Mme de Senneville, et là-bas, où la côte fait un
coude, les falaises s'élèvent comme un immense
mur blanc couronné d'une étroite ligne de verdure,
dans un repli de laquelle se montre un petit village,
posé là comme un oiseau dans son nid.

— C'est, en effet, d'un aspect ravissant, dis-je.
Je ne reproche à cette plage qu'une chose : c'est

d'être couverte de galets ; je ne connais rien de plus désagréable pour la marche.

— Voyez-vous le sybarite ? dit en riant ma cousine ; il lui faudrait un parquet jonché de feuilles de roses !

— Non, répliquai-je, je me contenterais d'un beau sable fin, comme on en trouve un peu plus bas, du côté de la Somme.

— En effet, dit Mme de Senneville ; mais d'où provient, docteur, cette différence que l'on remarque sur les plages de la Manche ?

— Voyez, madame, la constitution des falaises : la roche crayeuse se compose de couches horizontales de 1 à 2 mètres d'épaisseur, séparées entre elles par des couches de cailloux siliceux. Deux fois par jour la marée vient battre le pied de ces falaises ; chaque flot qui les heurte emporte quelque parcelle de la roche poreuse, et dans les tempêtes les lames furieuses les sapent à coups pressés, elles déchaussent l'escarpe, la minent ; bientôt celle-ci surplombe, se détache et s'écroule. Mais ce n'est pas seulement l'action des flots qui dégrade les falaises, les pluies hâtent cette dégradation. En pénétrant de haut en bas dans l'épaisseur des couches, elles y déterminent des fentes perpendiculaires, qui, en s'agrandissant, finissent par détacher de la masse des pyramides de craie, comme vous en voyez ici de nombreux exemples. Celles-ci restent debout jusqu'à ce que les hautes marées, en sapant leur base, déterminent leur chute. La vague délaye et emporte ces débris ; elle dissout la craie et la transforme rapidement en une pâte onctueuse, qui donne au loin une teinte laiteuse aux flots. Les gros cailloux siliceux que renferme la craie restent entiers tant qu'ils sont immobiles ; mais, roulés sur le fond et frottés les uns contre les autres, ils s'émoussent, se brisent, et chaque parcelle qu'ils perdent en chemin devient un grain de sable. Le silex, lentement roulé par la mer dans ses oscillations quotidiennes, ou violemment cinglé sur le rivage dans les tempêtes, se dépose et forme ces larges bandes de galets qui marquent sur la plage la zone où viennent mourir les vagues.

Poussées par les courants, les masses de galets et de sable marchent le long de la côte, s'alimentant des débris de toutes les falaises au pied desquelles elles passent, augmentant de volume, mais aussi de divisibilité, de sorte que, à quelque distance du point où finissent les falaises, le galet devient de plus en plus rare et le sable plus abondant. Sur les plages basses, où s'accumule le sable, la partie supérieure de la grève, qui n'est atteinte par le flot que dans les grandes marées de la nouvelle et de la pleine lune, a dans les intervalles le temps de se sécher aux rayons du soleil ; alors les vents se jouent de sa surface mobile et, poussant le sable sur les terres, accumulent ces monticules qu'on appelle des *dunes*.

— Ah ! mon Dieu ! s'écria Mme de Senneville en regardant sa montre, déjà cinq heures et demie !

Vos leçons, monsieur, sont si intéressantes, qu'elles font oublier l'heure du dîner.

— Que vous êtes indulgente, madame; je suis vraiment trop heureux de pouvoir vous intéresser, ainsi que mademoiselle.

Et là-dessus nous reprîmes le chemin de la maison, où nous attendait le dîner.

LES MOLLUSQUES.

Le lendemain de très grand matin, le docteur et moi nous nous rendîmes sur la plage, munis de fioles et de bocaux. Nous rentrâmes pour l'heure du déjeuner, et, après le repas, Mme de Senneville nous proposa, comme la veille, une promenade au bord de la mer.

Nous choisîmes cette fois un autre point de la côte, où les falaises en retrait formaient comme un vaste cirque garni d'un beau sable grenu, dont l'accumulation empêchait les vagues d'arriver jusqu'au pied de la muraille crayeuse. La mer commençait à descendre, etchaque vague, en se retirant, abandonnait quelque épave; tantôt c'était une large touffe de fucus, tantôt des coquilles, des étoiles de mer, des méduses, des oursins.

— Oh! quelle quantité de coquilles mêlées au sable du rivage! s'écria Émilie. Quelle étonnante variété de formes! En voilà de plates comme une pièce de monnaie, en voilà de rondes comme une boule, d'autres allongées comme une corne roulée en spirale; il y en a d'unies, de frangées, de côtelées; et quelle diversité de couleurs! Il y en a de jaunes, de rouges, de vertes, de lilas, de blanches et même de noires. Quel-

ques-unes sont tellement petites, qu'on peut à peine
les distinguer des grains de sable.

— Et ce sable lui-même, mademoiselle, est en
partie composé de coquilles microscopiques d'une variété et d'une délicatesse incroyable de formes. Je
vais en remplir ce flacon, et je vous ferai voir au
microscope des merveilles d'organisation, dit le docteur.

— Mais toutes ces coquilles sont vides ; que sont
devenus leurs habitants ?

— Ce sont, en effet, dit-il, les coquilles vides, devenues plus légères, que la mer rejette en plus grand
nombre, les animaux qui les habitaient y étant morts
naturellement ou ayant servi de pâture à d'autres
animaux. Lorsqu'ils sont vivants, les habitants de
ces coquilles s'attachent aux rochers ou aux plantes
marines, et résistent ainsi aux efforts de la vague.
Lorsque la mer aura laissé à découvert ces roches
dont on voit déjà le sommet à fleur d'eau, nous y
trouverons des populations nombreuses. Toutes ces
coquilles vides ont servi d'abri à des êtres mollasses,
inertes, privés de membres, se traînant lentement
sur terre comme le colimaçon, ou flottant dans les
eaux. Ces animaux, faibles et inoffensifs pour la plupart, ne déploient qu'une bien faible industrie. Tout
l'art des *mollusques*, comme on les appelle, ne con-
siste guère qu'à se bien renfermer dans leurs coquilles ; mais, malgré leur solide carapace, ces pauvres
déshérités de la nature deviennent la proie d'une
foule d'animaux.

La forme des coquillages varie à l'infini ; cependant vous avez déjà sans doute remarqué que certains mollusques habitent une coquille d'une seule pièce, le plus souvent contournée en spirale, comme celle du limaçon : on les nomme *univalves ;* tandis que d'autres sont renfermés entre deux coquilles liées entre elles par une charnière membraneuse et qui s'adaptent l'une sur l'autre comme une boîte avec son couvercle, ainsi qu'on le voit dans les huîtres et les moules : on les nomme *bivalves*. Il en est enfin qui, comme nos limaces terrestres, sont complètement privés de coquilles. Tenez, voici une coquille qui renferme encore son habitant, et elle est digne de tout votre intérêt. Comme vous le voyez, c'est une coquille de forme conique, ventrue, contournée en spirale,

Pourpre.

dont le fond grisâtre est coupé de bandes orangées ; c'est la pourpre, un des coquillages qui fournissaient aux anciens la riche couleur dont il a conservé le nom.

— Quoi ! c'est de cette petite coquille que l'on tirait cette fameuse pourpre qui se vendait, dit-on, au poids de l'or, dit Mme de Senneville.

— Ce n'est pas, il est vrai, cette espèce qui fournissait la pourpre la plus estimée ; celle-ci était due à un coquillage nommé *murex,* qui ne se trouve que dans la Méditerranée ; mais la nôtre, bien que fournissant une teinture moins estimée, était fréquemment employée. Ne connaissant ni la cochenille ni le carmin, les anciens ne pouvaient teindre en écarlate les vêtements des rois et des triomphateurs qu'au moyen de la liqueur colorante que fournissent ces petits mollusques, et ce qui donnait surtout un si grand prix à la pourpre, c'était sa rareté ; car, chaque animal n'en renfermant que quelques gouttes, il fallait des milliers de victimes pour teindre une seule robe. Aussi les vêtements de pourpre ne pouvaient-ils être payés que par des rois, et l'on vit, à l'époque du Bas-Empire, des princes se parer avec orgueil du titre de *porphyrogénètes*, c'est-à-dire nés dans la pourpre. Comme il nous faut voir l'animal et que, malgré nos sollicitations, celui-ci se cache au fond de sa coquille, je vais, au nom de la science dont je suis le représentant indigne, user de rigueur à son égard et enlever le vestibule de sa maison, c'est-à-dire le grand tour de spire... Voilà qui est fait. Comme vous voyez, l'animal de la pourpre a la forme générale du limaçon terrestre ; il rampe, comme lui, sur un pied élargi, et sa tête, terminée en trompe, porte deux petites cornes à la base extérieure desquelles sont placés les yeux. C'est entre la tête et le foie qu'est située la petite poche qui renferme la matière colorante, et je voudrais bien vous faire voir une curieuse expérience ; mais il me faudrait pour cela un peu décapiter l'animal, et je crains d'offenser la sensibilité de ces dames.

— Non, non, ne faites pas cela, docteur. La pauvre bête ! dit Émilie.

— Mais, ma cousine, dis-je, c'est là une sensibilité

exagérée. Ce n'est qu'un limaçon, et vous mangez
bien les huîtres vivantes. Croyez-vous qu'elles souf-
frent moins au contact de vos petites dents que ce
mollusque ne souffrira sous le scalpel de notre ami?
Chez les animaux inférieurs, la souffrance doit être,
d'ailleurs, incomparablement moindre que chez les
autres animaux, si même elle existe. N'est-il pas vrai,
docteur?

— Il est certain, dit celui-ci, que chez les êtres des
classes inférieures, comme les mollusques, les insectes, les zoophytes, où le système nerveux est très
rudimentaire, et qui n'ont pas comme nous, dans la
tête, un cerveau où se centralisent les sensations,
la douleur doit être très amoindrie. Un insecte sans
tête continue à vivre assez longtemps; une guêpe
coupée en deux ne cesse pas de manger et s'envole;
un crabe à qui l'on brise une pince la remplace au
bout de quelque temps; certains mollusques repren-
nent de même leurs cornes coupées. Il existe même
des animaux qui, loin de mourir lorsqu'on les a cou-
pés en morceaux, deviennent autant d'animaux complets que l'on a fait de morceaux. Ils ressemblent
donc aux plantes que l'on multiplie de boutures, et
vous ne pensez pas assurément que les plantes res-
sentent de la douleur quand on les coupe ainsi. On
peut donc, sans être taxé de cruauté, ne pas trop
s'apitoyer sur le sort de ces petits animaux sans
cœur et sans cerveau, qui n'ont de sensibilité que
juste ce qu'il leur en faut pour les avertir d'éviter
ce qui compromettrait leur existence.

— Eh bien, soit, dit Mme de Senneville, nous nous rendons à vos raisons ; mais vous nous accorderez au moins de ne pas assister à l'opération.

— Qu'à cela ne tienne, dit en riant le docteur, je me retournerai.

Et, tirant un petit scalpel de sa trousse, il disséqua le mollusque et lui enleva sa vésicule colorante.

— Voici l'objet, dit-il en se retournant ; vous voyez qu'il n'a rien d'effrayant ; c'est une petite vésicule jaune de la grosseur d'un pois. J'étale sur du papier blanc cette liqueur jaune et je l'expose au soleil ; voyez les changements qu'elle va subir sous l'influence de la lumière.

— La voilà qui commence à verdir, dit Émilie ; le vert devient de plus en plus foncé ; il tourne au bleu ; voilà un beau bleu de Prusse ; mais il s'irise de teintes violettes ; le voilà tout à fait violet ; le bleu y perd de plus en plus de sa valeur ; ah ! il est devenu pourpre. Voilà une expérience des plus curieuses ; mais quelle est la cause de cette transformation ?

— C'est là une véritable oxydation ; sous l'influence de la lumière solaire, l'oxygène de l'air se combine avec la substance colorante et en fait un véritable oxyde.

— C'est, en effet, fort curieux, dit Mme de Senneville ; mais comment pouvait-on se procurer une quantité suffisante de ces coquillages pour teindre une pièce d'étoffe ? Il faut croire que les pourpres sont plus répandues dans la Méditerranée que dans la Manche.

— Tenez, cette grosse coquille grise et raboteuse, contournée en spirale et dont les tours de spire sont renflés et striés, ne vous rappelle-t-elle rien ?

— Si fait, dit'Émilie, elle ressemble en petit à la conque marine qui sert de trompette aux dieux marins de la mythologie.

— Parfaitement trouvé, ma chère enfant; c'est en effet le buccin, mot qui signifie *trompette,* et dont une grande espèce de la Méditerranée servait, suivant Platon, à annoncer les discours des hérauts. Cette autre coquille en cône, contournée quatre ou

Buccin.

cinq fois sur elle-même, est une toupie ; elle est d'un blanc jaunâtre, agréablement varié de lignes flexueuses d'un rouge violet. Celle-ci, de même forme, mais qui a huit ou dix tours de spire, avec chacun d'eux bordé d'un cordon saillant et granuleux, est la toupie perlée.

— C'est une fort jolie coquille, avec sa robe rousse parse-

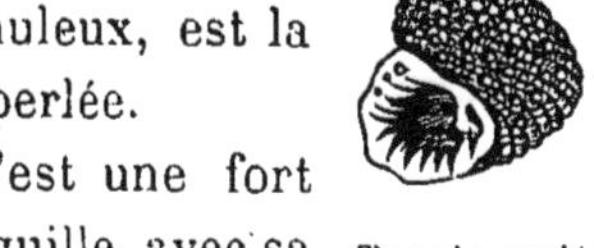

Toupie perlée.   Sabot littorine.

mée de taches violettes. Et celles-ci, dont la forme rappelle celle de nos vulgaires colimaçons? Il y en a de grises et de jaunes rayées de brun ou de noir.

— Ce sont des sabots, et on les mange sur nos

côtes sous le nom de *vignots*. Cette jolie coquille de même forme et d'une belle couleur de soufre est la nérite ou sabot jaune.

— Oh ! qu'en voici une singulière ! dit Émilie ; elle est tellement longue et pointue, qu'elle ressemble à un bonnet de magicien, ou plutôt à une suite de bourrelets d'enfant de plus en plus petits et superposés les uns aux autres.

Scalaire.

— Cette coquille est la scalaire ; elle a, comme vous voyez, dix tours de spire, et chacun d'eux est garni de côtes épaisses. L'animal qui porte cette coquille a deux longues cornes pointues sur la tête, et son corps est taché de blanc et de noir comme un cheval pie. Mais voyez, la mer en se retirant a complètement laissé à découvert ces roches, au sommet desquelles pendent, comme une chevelure en désordre, des touffes de varechs. Si vous ne craignez point de mouiller vos petits pieds sur le sable encore humide, nous irons les examiner de près.

Patelle.

— Bien volontiers, dit Mᵐᵉ de Senneville ; notre chaussure est d'ailleurs à l'épreuve.

— Voyez, collée au rocher, cette coquille pointue, en cône très évasé ; elle a la forme d'un chapeau chinois et on lui a donné le nom de *patelle*, qui signifie *écuelle*. Elle recouvre complètement l'animal qui est dessous. Essayez d'enlever ce coquillage du rocher auquel il adhère.

Émilie tenta vainement d'arracher la patelle et y meurtrit ses petits doigts. Je voulus essayer après elle et n'en pus venir à bout.

— Mais par quel moyen ce chétif animal se colle-t-il à la roche? dit Mme de Senneville; s'y tient-il cramponné ou y est-il collé par son humeur visqueuse?

— Non, madame, ce simple mollusque, instruit par la nature, emploie le procédé sur lequel repose la ventouse, ou mieux encore le jeu du tire-pavé, bien connu des enfants. Vous savez que ce dernier instrument se compose d'une rondelle en cuir, au centre de laquelle est fixée une cordelette; on mouille le cuir afin qu'il adhère mieux, puis on l'applique sur le pavé ou sur le corps que l'on veut enlever. Si l'on tire alors la corde, la partie centrale de la rondelle de cuir se soulève comme une ventouse en faisant le vide, et la pression atmosphérique extérieure suffit à maintenir une adhérence assez forte pour que l'on puisse enlever le pavé. Ainsi fait la patelle; après avoir appliqué son large pied sur la surface du roc, elle soulève le milieu de son corps en dôme, fait ainsi le vide et reste fortement attachée au rocher. Mais on obtient facilement par la ruse ce que ne peut faire la violence; tenez, voyez, je vais détacher cette patelle sans aucun effort, en glissant douce-ment la pointe de mon couteau sous le pied de l'ani-mal, de façon à en soulever un peu le bord; l'air rentre aussitôt et l'adhérence cesse.

— Voilà qui est vraiment singulier, dit Mme de Senneville; je n'aurais jamais soupçonné tant de malice chez un mollusque. Mais voyez donc dans ce creux de rocher rempli d'eau cette multitude de petites coquilles vivantes; on dirait des perles d'or.

— Oui, ce sont des toupies ou des sabots récemment éclos; vous pouvez voir que leur coquille n'a pas, comme celle de leurs parents, plusieurs tours de spire. Les mollusques sont eux-mêmes les fabricants de la coquille qu'ils habitent. Leur corps est enveloppé dans une large expansion de la peau qui leur sert de pied, et dans laquelle ils se retirent lorsqu'ils sont inquiétés; on lui donne le nom de *manteau*, et ce sont des glandes particulières, logées dans les bords de ce manteau, qui sécrètent la matière semicornée, mêlée de carbonate de chaux, qui se moulant sur les parties sous-jacentes, se solidifie à l'air et forme la coquille. La lame, d'abord très mince, s'épaissit et s'accroît par le dépôt successif de matières nouvelles, et, à mesure que l'animal grandit, il élargit sa coquille en y ajoutant un nouveau tour de spire. C'est ainsi que cela se passe pour les coquilles univalves des gastéropodes, qui sont celles que nous avons vues jusqu'à présent; l'animal producteur de ces coquilles a une tête bien distincte du corps, munie d'yeux pour voir et de tentacules pour palper, et peut-être bien pour sentir.

Mais il n'en est plus ainsi des coquilles bivalves ou à deux battants; l'animal qui vit renfermé entre ces deux coquilles comme dans une boîte, tel que

l'huître, la moule, la clovisse, est beaucoup moins
bien partagé que ses confrères les gastéropodes : il
n'a pas de tête, pas d'yeux, pas de sens, si ce n'est
celui du toucher; masse informe, il ouvre sa coquille,
dans laquelle entrent avec l'eau les molécules nutritives, qui pénètrent dans son estomac par l'ouverture
qui lui sert de bouche. Si vous examinez une coquille
d'huître, vous voyez qu'elle se compose d'une multitude de lames superposées ; ces lames ont été formées

 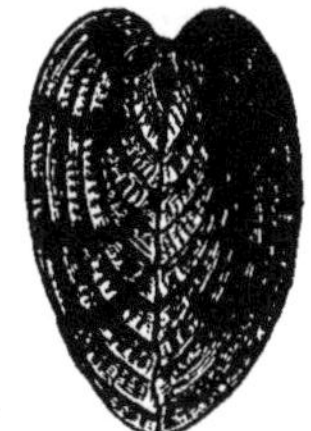

Bucarde (face).   Bucarde (profil).

successivement par le manteau de l'animal, et par
conséquent c'est la plus extérieure qui doit être la
plus ancienne ; c'est elle aussi qui est la plus petite,
et chaque nouvelle lame venant s'y ajouter dépasse
celle qui est située au-dessus, de façon que la coquille,
en même temps qu'elle augmente d'épaisseur, s'élargit rapidement.

Voici, à moitié enterrée dans le sable, la bucarde,
l'une des coquilles bivalves les plus communes sur
nos plages; son nom signifie *cœur de bœuf* et lui vient
de sa forme, qui rappelle en effet celle d'un cœur, lorsqu'on la regarde par le côté. Les pêcheurs lui don-

nent le nom de *sourdon* et la mangent ; mais sa chair
est coriace et insipide. Cette autre petite coquille bi-
valve, de forme allongée transversalement, à surface
polie et luisante, variée de jaune et de rose, est la
telline des naturalistes et le frion des pêcheurs.
Comme les bucardes, les tellines se tiennent cachées
dans le sable. Vous voyez ces petits trous, d'où jaillit
de temps en temps un filet d'eau ; ce sont des tellines
enfouies dans le sable, à la surface duquel elles font
passer leurs tubes respiratoires. Déterrons-en une,
et vous allez jouir d'un singulier spectacle.

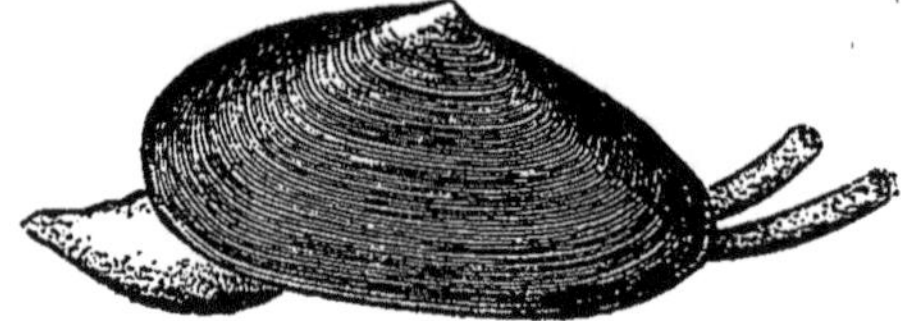

Telline.

Le docteur dégagea, en effet, un de ces coquillages
de son trou et le plaça à plat sur une de ses valves.
Au bout de quelques instants, la telline fit sortir par
un des côtés de sa coquille une espèce de langue ou
pied charnu, au moyen duquel elle se dressa sur le
tranchant ; puis, allongeant son pied le plus possible,
elle lui fit embrasser une portion du contour de la
coquille ; alors, par un mouvement brusque, analogue
à celui d'un ressort qui se débande, elle frappa de
son pied le sol et bondit à une certaine distance, et,
répétant ce mouvement coup sur coup, elle se mit
ainsi à sautiller pour regagner l'eau.

— Oh! que voilà un spectacle amusant! s'écria Émilie en battant des mains; mais c'est un véritable clown! Ah! la voilà qui s'arrête.

— Oui, vous allez la voir s'enfoncer dans le sable humide; regardez comme elle disparaît peu à peu.

— Mais comment peut-elle creuser ainsi le sable? dit Mme de Senneville.

— Toujours au moyen de son pied. Elle l'allonge autant qu'elle peut et l'enfonce profondément dans le sable; puis elle en recourbe le bout en crochet, pour se cramponner au sol, et, tirant dessus, elle force ainsi sa coquille à se redresser et à s'enfoncer. Lorsqu'elle veut quitter son trou, la telline n'a qu'à faire sortir son pied et à l'appuyer contre le sable, de manière à repousser la coquille en haut.

— Hé mais, je ne me trompe pas : voici une huître, dit Émilie. Je croyais qu'on ne les trouvait jamais détachées de leur banc.

— En effet, c'est assez rare; l'huître est un mollusque peu vagabond de sa nature, qui, comme le lierre, meurt volontiers où il s'attache, et ne se risque guère à flâner sur les grèves. Comme vous avez pu le remarquer, l'huître est de tous les coquillages le plus laid, le plus irrégulier — extérieurement — et le plus sujet à varier de taille et de forme; je dis extérieurement, parce qu'à l'intérieur la coquille est lisse, polie, nacrée, offrant souvent même de très belles nuances roses ou bleues. Des deux valves qui forment la coquille, l'une est plus grande, plus épaisse, bombée; l'autre, plus petite, est aplatie et semble servir de couvercle à la première. L'animal que renferme cette espèce de boîte offre à la vue une masse uniforme, enveloppée dans ce repli de la peau que l'on nomme *le manteau*, comme un livre est renfermé dans sa couverture. Les deux battants ou valves de la coquille sont joints ensemble par une charnière élastique, dont le jeu tend à faire bâiller ces valves et le mollusque les tient fermés en contractant deux muscles vigoureux, qui restent attachés à la coquille lorsqu'on enlève l'animal.

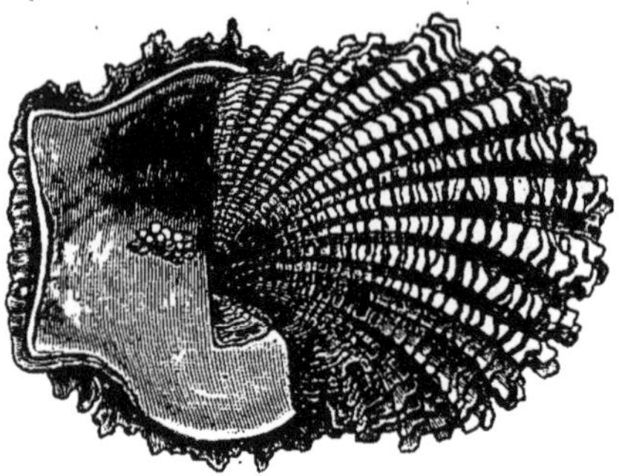

Huître perlière.

Au commencement du printemps se développe dans les huîtres un frai qui ressemble à une goutte de suif, et dans lequel on distingue à la loupe une infinité de petites huîtres toutes formées. Ce frai se développe peu à peu et arrive au point de donner à la moitié supérieure de l'animal cette teinte laiteuse, qui le fait regarder comme malade par les amateurs d'huîtres, et donne lieu à ce dicton que les huîtres ne sont bonnes que pendant les mois où l'on trouve la lettre R, c'est-à-dire de septembre à avril. Chaque huître pond par an de cinquante à soixante mille petits, et cette fécondité prodigieuse explique comment se forment ces im-

menses bancs d'huîtres que l'on trouve sur nos côtes,
et qui, malgré la destruction énorme qu'on en fait
depuis des siècles, semblent ne s'épuiser jamais.

— Mais n'est-ce pas dans les huîtres qu'on trouve
les perles ? dit Mme de Senneville ; quant à moi, je n'y
en ai jamais trouvé.

— C'est, en effet, dans une huître que se forment
les perles, madame, mais pas dans l'huître commune
de nos côtes. L'huître perlière se pêche dans les mers
tropicales. La nacre qui revêt l'intérieur d'un grand
nombre de coquilles n'est que du carbonate de chaux
mêlé d'un peu de matière animale ; c'est à la structure de sa surface, formée de lames parallèles très
minces et striées, sur lesquelles joue la lumière,
qu'elle doit tout son éclat. Les perles ne sont autre
chose que des gouttes extravasées de la matière nacrée ; c'est une sorte de pléthore de ce suc pierreux.
Aussi est-ce généralement dans les plus vieilles
huîtres que l'on trouve les perles ; les jeunes en ont
rarement, parce qu'elles ont besoin de cette matière
pour accroître leur coquille.

Les perles fines sont, comme vous savez, un objet
de luxe très recherché ; mais elles doivent avoir cer-
aines qualités qu'il n'est pas facile de rencontrer
réunies. Une belle perle doit être ronde ou ovale,
d'un bel orient, c'est-à-dire bien blanche, à reflets
brillants, et il est encore bien plus difficile d'en rassembler un certain nombre du même volume, également belles et bien assorties. Aussi un collier de
belles perles est-il d'un prix inestimable. Ce qui

donne aux perles ce reflet si vif et si suave qu'on nomme *orient* n'est que le résultat de la combinaison de l'éclat de la nacre avec la courbure concentrique des lames infiniment minces dont cette substance est formée. Vous comprenez, d'après cela, pourquoi un morceau de nacre taillé en forme de perle n'a pas d'orient : c'est que ces lamelles, toutes parallèles, n'ont pas cessé d'être planes, comme dans la coquille dont elles faisaient partie, au lieu d'être concentriques, comme dans une vraie perle.

C'est dans le golfe Persique et près de l'isthme de Panama que sont les plus riches bancs connus d'huîtres perlières. A l'époque fixée pour la pêche, un nombre de barques, montées chacune par trois hommes et deux plongeurs, se rendent sur l'emplacement du banc. Les plongeurs, qui sont pour la plupart des nègres, s'attachent une pierre aux pieds, et sous les bras une longue corde dont l'extrémité est retenue dans le bateau ; ils portent, en outre, un sac ou un filet pendu au cou et un couteau bien affilé pour se défendre au besoin contre les requins, qui infestent ces parages. Ils plongent au fond de l'abîme avec la rapidité de l'éclair, détachent promptement les plus grandes huîtres, dont ils remplissent leur filet ; puis, après un temps qui peut durer jusqu'à deux minutes, ils tirent la corde qui les soutient pour avertir qu'on les retire. Les huîtres sont déposées sur la plage, dans des enclos particuliers ; mais on ne les ouvre pas par force, de peur de les briser. On les laisse mourir, et ce n'est même qu'après que l'animal est tombé en putréfaction qu'on peut facilement extraire de sa coquille ces perles, destinées à briller un jour au cou et sur les bras des femmes assez riches pour payer deux à trois cents fois leur poids d'or ces gouttes d'humeur concrétée. Mais ce que la plupart de ces belles dames ignorent, c'est que, chaque année, cette pêche coûte la vie à quelque quinze ou vingt hommes, amputés par les requins ou noyés par les décharges électriques des torpilles, ces terribles piles vivantes qui semblent défendre comme des gardiens jaloux les trésors de la mer.

— Oh ! Dieu, dit Mme de Senneville, jamais je ne voudrais à ce prix porter de perles de ma vie. Mais sans doute ces malheureux sont largement rétribués, pour risquer ainsi leur existence ?

— Ils gagnent une piastre par jour (5 francs), ce que gagne chez nous le moindre ouvrier ; et cependant, parfois ils rapportent une fortune dans leur filet. Les perles les plus célèbres dont l'histoire ait conservé le souvenir sont celles que possédait Cléopâtre. Ces perles merveilleuses valaient chacune un royaume, au dire de Pline, qui raconte à leur sujet cette petite histoire : « Dans le temps qu'Antoine oubliait sa gloire auprès de Cléopâtre et épuisait chaque jour tous les excès du luxe le plus raffiné, la reine d'Égypte, plaisantant un jour sur l'appareil et la somptuosité de ses festins, paria qu'elle dépenserait en un seul repas dix millions de sesterces, ce qui représente à peu près deux millions et demi de notre monnaie. Antoine accepta le pari, ne croyant pas que la chose fût pos-

sible. Le lendemain, jour fixé pour l'exécution du
pari, Cléopâtre fit servir un souper magnifique ; mais
ce n'était après tout qu'un des soupers ordinaires, et
Antoine demandait déjà qu'on produisît les comptes.
« Ceci n'est qu'un accessoire, dit Cléopâtre ; le souper
« coûtera la somme convenue, et seule je mangerai
« les dix millions de sesterces. » Elle ordonne alors
qu'on apporte le second service. Les officiers, qui
étaient prévenus, ne placèrent devant elle qu'un vase
rempli de vinaigre. Elle avait alors à ses oreilles ces
deux perles, merveilles incomparables. Tandis qu'Antoine, impatient, observe tous ses mouvements, elle
en détache une, qu'elle jette dans le vinaigre, et sitôt
qu'elle est dissoute, elle l'avale. Déjà elle porte la main
sur l'autre, mais le prudent Plancus, juge du pari, la
saisit, et prononce qu'Antoine est vaincu. » Celle qui
fut sauvée ne perdit rien de sa célébrité ; après que
cette reine fameuse fût tombée au pouvoir de César,
on scia cette seconde perle pour en faire des pendants
d'oreille à la Vénus du Panthéon.

— Cette histoire est agréable, dis-je ; mais elle me
paraît aussi peu vraisemblable que celle d'Annibal se
frayant un passage à travers les rochers des Alpes au
moyen du vinaigre.

— En effet, reprit le docteur, car le vinaigre ordi-
naire ne peut dissoudre les perles instantanément, et
un acide assez fort pour opérer cette dissolution
aurait bien pu dissoudre aussi l'estomac de la belle
parieuse.

C'est à la famille des huîtres qu'appartient la plus

grande coquille connue : le tridacne géant°de la mer
des Indes, qui atteint souvent plus de 1 mètre de
diamètre, et dont le poids dépasse parfois 150 kilo-
grammes. Les coquilles qui forment les bénitiers de
l'église Saint-Sulpice, à Paris, sont des tridacnes ; ils
furent donnés à François Ier par la république de
Venise. Un seul de ces
animaux suffit, dit-on,
au repas de tout un
équipage ; mais sa
chair est coriace et in-
digeste.

Voici une belle
grappe de moules pen-
due au rocher. Si. la
moule est inférieure à
l'huître, au jugement
des gourmets, elle lui
est bien supérieure au

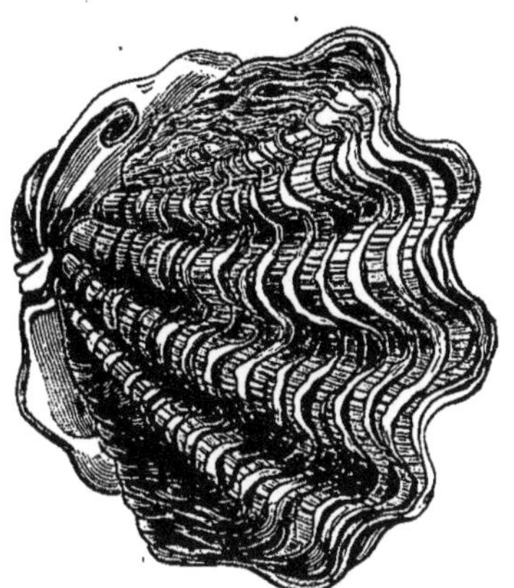

Tridacne géant.

point de vue de l'industrie. Remarquez d'abord que
toutes les moules sont attachées au rocher, ou les
unes aux autres, par un grand nombre de cordages
déliés ; ce faisceau de petits câbles est ce que l'on
nomme leur *byssus*. C'est une espèce de soie que file
la moule et qui a la propriété de se consolider au
contact de l'eau comme la soie des chenilles et des
araignées au contact de l'air.

— Mais on a tort alors de dire : « Bête comme une
moule ! » dit Émilie.

— Certainement, et c'est avec plus de raison qu'on

dit : « Bête comme une huître! » Mais, en voici une qui travaille sur cette pierre placée à fleur d'eau. Remarquez ses manœuvres : sa coquille est entr'ouverte; elle en fait sortir une espèce de langue fort souple qu'elle allonge et qu'elle raccourcit alternativement; elle en applique le bout contre la pierre et la rentre aussitôt dans sa coquille, pour l'en faire ressortir un moment après.

Cette langue, au moyen de laquelle la moule fixe et attache son byssus, est le même organe que celui dont les bucardes et les tellines se servent comme de pied; seulement, comme les moules sont généralement d'humeur peu vagabonde, elles ne l'emploient guère pour la locomotion. Chez la moule, cette langue est creuse; c'est un véritable canal ou conduit dans lequel coule une liqueur visqueuse, qui est la matière des fils que tend l'animal. Lors donc que la moule veut fixer un fil, elle allonge sa langue, dont le bout s'applique contre la pierre; la liqueur visqueuse coule dans le canal, s'y moule et se colle par le bout à la pierre; puis le canal s'ouvre dans toute sa longueur, abandonne le fil et rentre promptement dans la coquille, pour en ressortir un instant après et attacher un nouveau câble à côté du premier. La moule emploie souvent plus de cent cinquante de ces petits cordages pour s'amarrer solidement. Le byssus de la moule est court et grossier; mais une espèce de la Méditerranée, le jambonneau, file un byssus beaucoup plus long, d'un beau brun doré, fin et lustré comme la plus belle soie. Cette soie peut être

tissée, et l'on fait en Sicile des étoffes dont le prix est
en rapport avec la rareté.

A ce moment, le flot qui remontait vint expirer à
nos pieds, et emporta, en se retirant, mon léger chapeau de paille, que j'avais placé à terre pour mieux
considérer les moules. Je le rattrapai au milieu des
joyeux éclats de rire, mais non sans me mouiller les
pieds, et ce fut pour nous le signal de la retraite.

IV

Comme la veille, nous nous rendîmes dès le matin sur la plage, pour compléter nos collections. Rentrés ponctuellement pour le déjeuner, nous nous préparions à sortir après le repas pour accompagner les dames dans leur promenade quotidienne, lorsque retentit la cloche.

— Ah ! mon Dieu ! qui nous vient là ? dit Mme de Senneville.

— C'est M. de Saint-Brice, répondit Émilie en poussant un soupir de mauvais augure pour le visiteur.

A ce moment entrait M. de Saint-Brice, annoncé par le domestique. C'était un grand jeune homme blond, mis à la dernière mode, portant la raie au milieu du front et frisé comme un chérubin, un vrai gandin. Sa petite redingote noire, son gilet blanc, son pantalon gris-perle et ses bottes fines étaient irréprochables. De sa main, gantée de jaune-paille, il tenait délicatement son stick à pomme d'or.

Pendant qu'il présentait ses hommages aux dames, le docteur me dit à voix basse :

— Vous voyez là un descendant des croisés ; les barons de Saint-Brice ont figuré en Palestine.

— Ma foi, lui dis-je sur le même ton, si ses ancêtres avaient ressemblé à ce petit monsieur, je doute
fort qu'ils eussent pris Jérusalem.

A ce moment, l'élégant se tourna vers nous et nous
salua du plus gracieux sourire.

— Mais je vois, mesdames, reprit-il, que vous
vous prépariez à sortir ; je serais désolé de vous dé-
ranger.

— Oh ! monsieur, répondit M⁽ᵐᵉ⁾ de Senneville, nous
allions simplement faire une petite promenade à la
côte.

— Si je ne craignais d'être indiscret, poursuivit
l'élégant en se dandinant, je solliciterais la faveur de
vous accompagner à la promenade ; je n'ai rien à
faire aujourd'hui.

— C'est bien aimable à vous, monsieur, répliqua
M⁽ᵐᵉ⁾ de Senneville en étouffant une folle envie de
rire, et je bénis le sort de vous avoir laissé ce loisir.

Le baron, qui ne voyait pas qu'on se moquait de
lui, était radieux. Il offrit galamment son bras à
M⁽ᵐᵉ⁾ de Senneville ; je donnai le mien à ma cousine, et
le docteur forma l'arrière-garde, vu l'étroitesse du
sentier.

Lorsque nous fûmes arrivés sur la grève, ce dernier reprit son rôle d'initiateur ; la mer était encore
haute, et nous ne trouvions guère qu'une bucarde
ensablée par-ci, une étoile de mer desséchée par-là,
quelques coquilles vides, quelques paquets de fucus,
enfin des objets insignifiants, lorsque Émilie, qui
s'amusait à suivre l'ourlet du flot qui se retirait,

revint, tenant du bout des doigts un objet d'un aspect singulier. C'était une grappe de gros grains d'un brun pourpré, ressemblant pour la forme et la grosseur à ces gros raisins du Midi.

— Qu'est-ce que cela? dit-elle en montrant sa trouvaille.

— Ce sont des raisins de mer, répondit Mme de Senneville; c'est au moins le nom que lui donnent les pêcheurs; mais je n'en ai jamais pu tirer autre chose. Le docteur voudra bien sans doute compléter le renseignement.

OEufs de seiche.

— Volontiers, madame : ce sont des œufs de seiche. Comme vous voyez, chacun d'eux est porté par un pédoncule flexible au moyen duquel ils sont reliés tous ensemble et fixés à quelque corps sous-marin. Vous pouvez remarquer dans la grappe quelques grains plus clairs, plus transparents que les autres, et, en les interposant entre vos yeux et la lumière, vous distinguerez à travers les minces parois de sa prison le petit animal vivant. En plaçant la grappe dans un vase rempli d'eau de mer, avec un peu de sable au fond, vous verrez bientôt la jeune seiche prendre possession de la vie, et c'est un spectacle fort réjouissant, je vous assure. Mais en explorant les pierrailles que la mer vient de découvrir là-bas, nous y trouverons peut-être quelque seiche ayant atteint tout son développement.

Nous nous rendîmes sur le point indiqué par le docteur, sauf toutefois le baron, qui sans doute craignait de mouiller ses fines bottes vernies, et, après avoir soulevé et déplacé une certaine quantité de pierres, je mis enfin à découvert une magnifique seiche, longue de plus d'un pied, en comptant les bras étendus. Elle était là presque à sec et ne pouvait s'échapper; aussi fixait-elle sur nous ses gros yeux ronds effarés et flamboyants.

— Quel singulier animal! s'écria Mme de Senneville; n'est-ce pas là ce que Victor Hugo nomme *la pieuvre* ?

— C'est au moins un de ses proches parents, dit le docteur; mais il existe cependant entre la seiche et le poulpe, ou pieuvre, de notables différences. D'abord, comme vous pouvez le voir, la seiche a dix pieds, dont deux sont beaucoup plus longs que les autres et terminés en massue ; le poulpe n'a que huit bras égaux. Le sac musculeux qui renferme le corps de l'animal est bordé tout autour, chez la seiche, d'une large membrane qui lui sert de nageoire et qui manque dans le poulpe. Le corps de la seiche renferme en outre un objet fort singulier, dont est dépourvu celui du poulpe : je veux parler de cette lame calcaire, en forme de feuille, à laquelle on donne vulgairement le nom d'*os de seiche* et que l'on rencontre si communément sur toutes nos plages. On la suspend, comme vous le savez, dans la cage

des petits oiseaux pour leur fournir les corps durs
qu'ils recherchent à l'état libre.

La seiche peut servir de type à la classe des céphalopodes; ces animaux sont les plus parfaits des mollusques. Leur nom, qui signifie *tête-pieds*, vient de

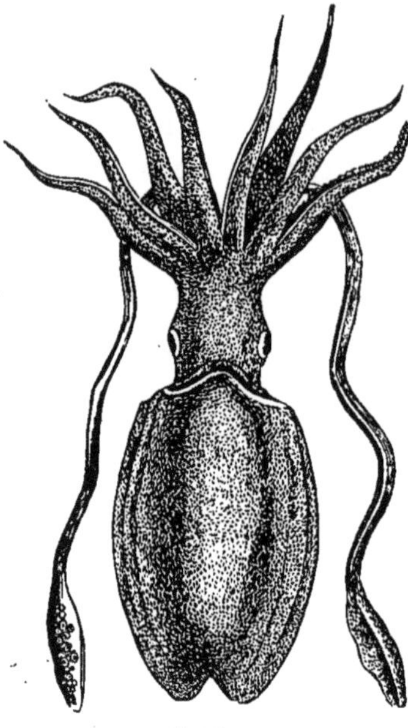

Seiche.

ce que, comme vous le
voyez ici, leur tête est
couronnée de huit ou
dix longs bras ou
pieds, au centre desquels est située la
bouche. Celle-ci est
armée de deux mâ-
choires d'une corne
dure et tranchante
comme un bec de per-
roquet, et d'une lan-
gue hérissée de poin-
tes. Leurs bras sont
garnis de nombreuses
ventouses ou cupules
rondes et creuses qui
s'appliquent fortement

sur les corps qu'ils touchent; au fond de chacune
de ces cupules est un muscle qui en remplit exacte-
ment la cavité et que l'animal retire à volonté
comme un piston ; le vide se forme alors, et ces
ventouses adhèrent avec tant de ténacité, soit aux
rochers, soit aux corps saisis, qu'on arracherait plutôt
les bras de la seiche que de lui faire lâcher prise. C'est

ainsi que l'animal saisit sa proie ; il l'attire à lui, l'enlace de ses bras nerveux de manière à l'étouffer, la porte à sa bouche et la déchire de son bec acéré. Les seiches se servent de leurs bras comme de rames ; dans les bas-fonds, elles marchent la tête en bas, comme nos clowns. Outre la lame calcaire qui sert comme de noyau au corps de la seiche, celle-ci renferme encore un autre objet non moins digne de remarque : c'est une vessie pleine d'encre que l'animal tient en réserve pour sa défense. Lorsqu'il est menacé par quelque ennemi, il lance un jet de ce liquide et répand ainsi dans les eaux un nuage, à la faveur duquel il s'esquive, laissant son adversaire se débattre dans l'épais brouillard qui l'environne.

A ce moment, l'élégant baron, chez qui la curiosité l'avait emporté sur la crainte de mouiller ses chaussures, et qui s'était rapproché sur la pointe des pieds, vint se mêler à la conversation.

— Oh ! la vilaine bête, dit-il, avec ses gros yeux et ses longs bras visqueux.

Et, pour la mieux voir, il s'accroupit sur ses jarrets, à deux pas de l'animal, et se mit à le considérer, tandis que, de son côté, la seiche fixait sur lui d'un air inquiet ses gros yeux étincelants.

— J'ai lu quelque part, dit-il, que c'est cet animal qui fournit l'encre de Chine.

— On l'a cru longtemps en effet, monsieur, lui répondit le docteur ; mais on sait aujourd'hui que l'encre de Chine n'est qu'un produit de l'industrie ; c'est tout simplement du noir de fumée broyé convenablement avec de la colle de poisson et un peu de musc. Cependant, la matière colorante de la seiche, connue sous le nom de *sépia*, ne le cède en rien à l'encre de Chine, et c'est avec l'encre des céphalopodes qu'il a étudiés que l'illustre Cuvier a écrit son mémoire sur ces animaux et dessiné les belles figures qui l'accompagnent ; la nuance en est fort belle et la couleur inaltérable.

En ce moment, le baron taquinait avec le bout de son stick la seiche, qui, comme si elle eût voulu appuyer le dire du docteur en offrant un échantillon de ses produits, lança en plein visage à son tourmenteur un jet de la plus belle encre noire. Le liquide l'aveugla et, ruisselant sur sa figure, tacha horriblement son gilet blanc et son pantalon gris-perle. Le baron se releva en jurant comme un templier, tira son mouchoir, dont il s'essuya le visage le mieux qu'il put, et se vengea sur le pauvre céphalopode en le pilant sous le talon de sa fine botte, accompagnant chaque coup d'une épithète desagréable :

— Tiens, sale bête ! tiens, vermine !... tiens, tiens !...

Malgré tous nos efforts, nous ne pûmes nous empêcher de rire en voyant l'élégant dans ce piteux état; tandis que lui, ne sachant trop s'il devait rire de sa mésaventure ou se fâcher, et comme si l'encre de la seiche eût obscurci son esprit en même temps que son gilet, il boutonna sa redingote jusqu'au menton et se sauva à toutes jambes, sans même songer à prendre congé de nous. Dès qu'il fut parti,

nous donnâmes un libre cours à nos rires, et j'ai
honte de le dire, de ma vie je n'ai autant ri.

— Pauvre jeune homme ! dit enfin Mme de Senneville, je suis sûre qu'il n'osera jamais se représenter
devant nous.

Poulpe.

— Ma foi tant pis, ajouta Émilie; cela ne fera
d'ailleurs que me confirmer dans l'idée que ce n'est
qu'un so

— Voilà son oraison funèbre, ma cousine, ou je
ne m'y connais pas, dis-je en riant.

— Mais voyez donc là-bas, reprit Mme de Senneville, que tient ce pêcheur au bout de son bâton ? Je
vois d'ici s'agiter comme une nichée de serpents.

Nous nous rapprochâmes du pêcheur, qui venait de prendre une pieuvre dans les pierrailles, et c'était elle qui, enferrée par le crochet dont était armé le bâton du pêcheur, agitait furieusement ses longs bras dans tous les sens en cherchant à se dégager. Cette pieuvre, ou plutôt ce poulpe, car c'est là son véritable nom, nous offrait un singulier spectacle ; comme le caméléon, il changeait à chaque instant de couleur : tantôt d'un gris livide, tantôt d'un jaune de boue, il revêtait tout à coup des teintes brunes ou pourprées. Le pêcheur semblait prendre plaisir à voir son agonie.

— Pourquoi, mon ami, faire souffrir ainsi cette pauvre bête ? dit Mᵐᵉ de Senneville ; vous auriez pu la tuer tout de suite ; et puis ce n'est pas bon à manger.

— Oh ! que non point, madame, répondit le Normand ; c'est une maligne bête qui nous mange le petit poisson, les crabes et les moules, et nous fait du tort ; et puis elle nous sert d'amorce pour le gros poisson.

— Mais, dis-je au pêcheur, j'ai lu de terribles choses sur cette bête ; on dit qu'elle peut tuer un homme en l'enlaçant de ses bras puissants et en lui suçant le sang au moyen de ses innombrables ventouses.

— Oh ! monsieur veut se gausser de moi, répliqua le pêcheur en souriant.

— Mais non, je vous assure ; ce sont bien plutôt ceux qui ont écrit ces contes qui se sont moqués de nous. Mais est-ce que vous allez laisser mourir ainsi cette bête embrochée au bout de votre bâton ? Comment la tuerez-vous ?

— Oh ! pour cela, rien n'est plus facile ; nos enfants le font aussi bien que nous. Tenez.

Et, saisissant vivement la pieuvre par la tête, il la retourna comme un gant. Le poulpe eut encore quelques convulsions, puis ses bras se détendirent et retombèrent inertes le long du bâton ; il était mort. Le pêcheur tira alors son couteau et coupa la tête en morceaux.

Nous le laissâmes à ses occupations pour reprendre la route de la villa.

Chemin faisant, nous causâmes poulpe, nous demandant où l'illustre auteur des *Travailleurs de la mer* avait puisé ses renseignements sur la pieuvre.

— Je crois pouvoir vous le dire, répondit le docteur ; c'est sans doute dans l'ouvrage de Denys de Montfort, qui, au commencement de ce siècle, a reproduit dans son *Histoire naturelle des mollusques* toutes les traditions populaires sur les monstres marins. Malgré son apparente bonhomie, le pêcheur est goguenard de sa nature, et il prend un malin plaisir à raconter aux bourgeois de ces histoires effroyables qu'on ne retrouve que dans les légendes du temps passé. Le poulpe est un des animaux sur lesquels on a débité le plus de fables. Pline ouvre la marche et donne à un animal de ce genre des proportions telles, qu'il ne pourrait passer par le détroit de Gibraltar. Eh bien, cette exagération, digne du baron de Crac, devait être surpassée en plein dix-huitième siècle par un savant danois, Eric Pontoppidan. Selon lui, le poulpe kraken des mers du Nord est un animal formidable : énorme comme une montagne vivante, il produit, quand il s'élève du fond de la mer, un bouillonnement semblable au Maëlstrom, et lorsqu'il s'enfonce, il cause un remous terrible qui engloutit les vaisseaux. Ses longs bras vont saisir les matelots jusque sur les plus hautes vergues des navires, et lorsqu'il ouvre sa gueule comme un abîme immense, avec un rugissement horrible de faim, les baleines épouvantées s'y précipitent. Comme vous le voyez, le savant danois dépasse en imagination les plus habiles conteurs orientaux. Or, Denys de Montfort a reproduit cette histoire bouffonne en y ajoutant un dessin représentant ce lamentable événement, bien plus digne de figurer sur le tableau d'un saltimbanque que dans un ouvrage sérieux. Jamais, dans nos parages, les poulpes n'atteignent de grandes dimensions. Ce qui paraît vrai, d'après le rapport de plusieurs navigateurs, c'est qu'il existe, dans les mers tropicales seulement, d'énormes poulpes, gros comme une barrique, et dont la longueur, y compris les bras, peut atteindre 2 et même 3 mètres. On comprend que ces monstres sont dangereux pour l'homme ; non qu'ils puissent le dévorer, mais parce qu'ils enlaceraient le nageur de leurs bras puissants, paralyseraient ainsi ses mouvements et l'entraîneraient sous l'eau, où il trouverait infailliblement la mort.

V

Le lendemain du jour à jamais néfaste où la seiche avait terni la splendeur du baron, nous nous rendîmes sur cette belle plage sablonneuse qui s'étendait au fond de la crique où nous avions observé tant de coquillages. Sur cette arène de sable erraient, à marée basse, des centaines de crabes. Rien n'est amusant comme de voir ces petits animaux courant de côté, les pinces élevées d'un air menaçant, en quête de quelque flaque d'eau ou de quelque pierre qui puisse leur offrir un abri. L'un des plus communs, dont la carapace est d'un blanc jaunâtre ou verdâtre, assez lisse, est le crabe ménade, nous dit le docteur. Avec lui se trouvent d'autres petits crabes, dont la carapace est tellement polie et luisante, qu'on leur a donné le nom de *crabes porcelaine*. Celui-ci est d'un jaune verdâtre, tacheté de brun pourpré ; cet autre est d'un brun rougeâtre, avec les pinces noires. Tous ces petits crabes sont assez vifs, comme vous voyez, et se meuvent à terre facilement ; mais ils ne nagent pas, et si on les jette dans une eau profonde, on les voit tomber au fond en agitant leurs pattes à la recherche de quelque point d'appui auquel ils puissent s'accrocher. On reconnaît ces espèces inhabiles à la

natation à leurs pattes étroites, arrondies ou triangulaires, tandis que chez les crabes nageurs ces mêmes
organes sont aplatis et élargis en forme de rames.
Tenez, voyez-vous là, dans ce petit bassin naturel
creusé dans la roche par la main du temps et que la
mer, en se retirant, a laissé rempli d'eau, un crabe

Crabe ménade.

à moitié caché sous cette touffe de fucus? C'est l'é-
trille, ou crabe laineux, qui doit son nom à l'épais
duvet jaunâtre qui recouvre sa carapace brune. C'est
un habile nageur, comme vous l'indiquent ses larges
pattes aplaties. Il est là en embuscade, comme un
brigand, tout prêt à s'élancer sur les paisibles habitants de cette mer en miniature. Patientez un moment,
et vous allez le voir à l'œuvre.

Il avait à peine achevé ces mots, que le crabe se
ruait sur une jolie petite crevette rose, qu'il déchira

et dévora en moins de temps qu'il ne m'en faut pour le dire.

— La bête féroce ! dit Mme de Senneville ; comme il a mis en pièces cette pauvre chevrette ! Mais le voilà qui erre de tous côtés comme s'il cherchait d'autres victimes ; avec quelle aisance il nage en avant, en arrière, de côté ! Le voilà qui reste immobile à la surface comme un bouchon de liège. Mais où trouve-t-on ces gros crabes tourteaux que l'on voit au marché ?

— Ceux-là ne se risquent pas à courir sur la grève ; ils se tiennent soigneusement cachés dans les trous des rochers ou sous les grosses touffes de fucus, comme s'ils savaient que la qualité de leur chair leur fait courir des risques sérieux. Leurs pinces sont d'ailleurs redoutables, et infligent parfois aux doigts imprudents qui les saisissent sans précaution des morsures cruelles. Mais voyons un peu là-bas, sous les pierrailles que vient de découvrir le flot, nous avons chance d'y trouver quelque grosse bête.

— Quel malheur que le baron ne soit plus là ! dit Émilie.

— Méchante ! répliqua Mme de Senneville en riant ; ce n'est pas généreux d'insulter au vaincu.

— Et vaincu par une seiche, ajoutai-je. Ses ancêtres ont dû en rougir pour lui. Mais voyons ce que va nous offrir le docteur.

Il retourna plusieurs grosses pierres l'une après l'autre sans y rien trouver d'intéressant ; mais enfin il mit à découvert un assez gros crabe, tout couvert de vase. Il le saisit avec précaution au moyen de ses pinces et le débarbouilla dans une petite flaque d'eau.

— Oh ! l'affreuse bête ! s'écria Mme de Senneville. Sa carapace est toute hérissée d'épines et de verrues ; entre ses yeux s'allongent deux pointes aiguës, et les côtés de sa cuirasse sont dentés comme une scie.

Crabe maïa.

Voyez comme il agite d'un air féroce ses deux longs bras armés de grosses pinces !

— C'est le crabe épineux ou maïa, dit le docteur ; et il faut avouer que son extérieur est loin d'être séduisant. Hérissé comme il l'est, cet individu ne fréquente guère la bonne société ; il semble avoir ponscience de sa laideur et vit solitaire, tapi sous les cierres ou caché dans la vase. Mais il ne faut pas trop se hâter de juger les gens sur leur mine ; et tel

qu'il est, ce brave crabe est un des citoyens les plus
utiles de l'empire océanique. La nature est la grande
école de l'homme ; on peut dire qu'il n'est pas une
seule de nos institutions sociales, pas une seule de
nos découvertes scientifiques dont la nature ne nous
offre le modèle, et qu'elle n'ait mis en pratique
depuis le commencement du monde. Dans nos
grandes villes, nous voyons des milliers de bras
employés à enlever nos détritus et les ordures qui
vicient l'air et empoisonnent les eaux ; des comités
de salubrité discutent, font des règlements, et néanmoins les ruisseaux sont infects et les eaux qui nous
abreuvent sont empoisonnées. Que sera-ce donc dans
le bassin des mers, où des myriades de plantes et
d'animaux meurent tous les jours et se dissolvent
lentement par la putréfaction ! Là, on n'enterre pas
les morts, on n'enlève pas les immondices, on ne
filtre pas les eaux ; et cependant la vie et la santé
y éclatent de toutes parts. Interrogeons le maïa ;
peut-être nous donnera-t-il la clef de ce mystère.

— Est-ce qu'il parle, votre crabe ? dis-je en riant.

— Non, mais je parlerai pour lui. Vous saurez donc
que maître Maïa n'est rien moins qu'un des membres les plus influents et les plus zélés du service de
la salubrité des mers. Il vit de son travail, comme
tous les honnêtes gens, et ses instincts, qui lui ont im-
posé ses fonctions, lui font accomplir avec plaisir et
gratis un travail peu attrayant pour tout autre, en lui
inspirant le goût des immondices qu'il est chargé de
faire disparaître. Plein du sentiment de ses devoirs, il

se retire sous quelque pierre au fond de l'eau et attend
là patiemment l'occasion de signaler son zèle. Tout à
coup, averti par son odorat ou par un autre sens qui
nous est inconnu, il a deviné la présence de quelque
immondice dans le voisinage; comme un vaillant
serviteur qu'il est, il quitte aussitôt sa retraite, se met
en quête et découvre bientôt, arrêté entre les tiges
robustes d'une touffe de laminaires, le cadavre à demi
rongé d'une vieille raie de la plus laide apparence,
qui porterait un grave préjudice à la pureté des eaux
et, par suite, à la santé des habitants du voisinage.
Sans perdre de temps à dresser procès-verbal, à
consulter les règlements de police ou à faire son rapport à l'autorité — car il a reçu de la nature de
pleins pouvoirs qu'il exerce de père en fils depuis
des siècles — il se met à l'ouvrage. Là est le mal, et il
s'agit de le faire disparaître, ce dont il s'occupe aussitôt en déchiquetant à belles dents le corps du délit,
dont il engloutit les morceaux dans son estomac. Ne
croyez pas qu'il va à lui seul dévorer les débris de la
raie, une telle puissance digestive ne lui a point été
accordée; mais il est secondé dans son œuvre par une
foule de collègues, attirés comme lui par cette proie,
et l'horrible vieille raie disparaît comme par enchantement.

— Pouah ! le dégoûtant animal! dit Émilie.

— Mais ce n'est pas tout encore, continua le docteur; ce pauvre crabe, si laid et qui vous inspire le
dégoût, va vous offrir bien d'autres merveilles. Sai-
sissons d'abord notre maïa de manière à ce qu'il ne

puisse ni nous mordre avec ses pinces, ni nous piquer de ses épines, bien qu'en le faisant, après tout, il se trouvât dans le cas de légitime défense. Maintenant promenez la loupe à travers les rugosités de sa carapace; regardez bien surtout ces apparentes moisissures qui garnissent en petites touffes certains creux de sa cuirasse.

— Oh! les merveilleux petits arbres! s'écria Mme de Senneville, qui venait de regarder à travers la loupe les points que lui indiquait le docteur; leurs branches élégamment ramifiées semblent être de cristal, et chaque rameau porte à son extrémité une petite étoile rose qui agite ses rayons. Et plus loin, voilà une véritable ruche avec ses milliers de cellules, dont quelques-unes portent également de petites étoiles, et à côté s'élèvent des touffes de mousses roses d'un effet ravissant. Voyez donc, Émilie, quelle admirable chose!

Ma cousine et moi, nous appliquâmes tour à tour l'œil à la loupe, et nous ne pouvions nous lasser d'admirer ces merveilles.

— Ah! vous commencez à revenir un peu sur le compte de ce pauvre crabe, objet de vos mépris, et vous voyez que peu de princes ou d'empereurs sont aussi galamment vêtus et accompagnés d'une cour aussi nombreuse. Ce n'est cependant pas par luxe que le crabe porte avec lui tout ce peuple étoilé. Chacune de ces petites fleurs vivantes est un animal muni d'un estomac microscopique, qui mange et mange sans cesse, attirant dans les perpétuels courants que forment ses petits bras toujours en mouvement les molécules désorganisées qui flottent dans l'eau environnante, pour les convertir, par je ne sais quelle merveilleuse opération chimique, en cellules nouvelles et en nouvelles branches de leur palais de cristal. Ce sont des animaux semblables, connus sous le nom de *zoophytes* — animaux plantes — qui, par des procédés analogues, construisent le corail. De leur côté, les petites mousses roses, comme toutes les plantes, aspirent les gaz délétères de l'eau impure et lui rendent l'oxygène nécessaire à la vie des animaux les plus élevés comme à celle des plus infimes. Comme vous le voyez, non seulement le maïa travaille par lui-même à l'assainissement des eaux, mais il porte toujours sur lui une armée de travailleurs auxiliaires.

— Que de merveilles la nature offre à ceux qui l'étudient et savent l'interroger! observa Mme de Senneville.

— Mais nous avons encore beaucoup de choses curieuses à voir dans les crabes, poursuivit le docteur, et leur organisation n'est pas l'une des moins intéressantes. Ces animaux sont recouverts d'une carapace dure et pierreuse, composée de plusieurs pièces ou anneaux; leur tête est soudée à leur poitrine et, comme cette conformation ne leur permet pas de se tourner aisément de côté pour regarder, ce désavantage a été compensé en plaçant leurs yeux au bout d'un pédoncule ou prolongement qu'ils peuvent mouvoir dans tous les sens. Leur tête porte en outre des antennes ou cornes articulées très mobiles, au moyen desquelles ils tâtent les objets, car leurs pattes, encroûtées jusqu'au bout, ne peuvent leur servir à exercer le sens du tact. Leur corps se compose de la poitrine, qui donne attache aux pattes en dessous et qui porte en dessus le large bouclier ou carapace qui les recouvre en entier. L'abdomen, ou queue, vient à la suite; cette queue, composée de plusieurs segments bien visibles, est très courte et triangulaire chez les crabes; elle est presque toujours repliée sous le corps, à peu près dans la situation que prend celle d'un chien effrayé. Le plus grand nombre des crabes est pourvu de dix pieds, dont ceux de la première paire sont terminés par une pince à deux mâchoires.

Les crabes sont des êtres voraces et carnassiers, pourvus d'instruments très propres à satisfaire leur robuste appétit; leur bouche est armée de plusieurs paires de mâchoires dures et tranchantes, capables de couper et de broyer les corps les plus solides, et, comme si cet appareil puissant n'eût pas suffi, leur estomac est encore garni de dents pour triturer une seconde fois les aliments qu'ils avalent avec trop de gloutonnerie. Combien de gens doués de la voracité des crabes, mais d'une digestion moins complaisante, envieraient leur estomac endenté! Les crabes se reproduisent par des œufs; on en rencontre fréquemment qui portent sous leur ventre des masses d'œufs considérables; on en a compté jusqu'à cent mille chez quelques-uns. Dans certaines îles de l'Amérique du Sud inhabitées par l'homme, ces animaux pullulent

dans une si effroyable proportion, qu'on ne peut y
aborder. On raconte que quelques hommes de l'équipage du navigateur anglais Francis Drake ayant dé-
barqué en 1605 sur une de ces îles, y furent atta-
qués par une armée de gros crabes qui s'attachèrent
à leurs jambes, les firent tomber malgré une résistance désespérée et les dévorèrent.

Les jeunes crabes, d'abord fort petits à la sortie
de l'œuf, grandissent naturellement avec l'âge ; mais
comme leur enveloppe pierreuse ne peut grandir
avec eux, ils sont obligés de la quitter plusieurs fois
pendant le cours de leur existence, comme on fait
d'un habit devenu trop étroit. L'enveloppe nouvelle
qui se trouve sous l'ancienne, d'abord molle et exten-
sible, se durcit peu à peu à l'air. L'époque du renou-
vellement de leur carapace est toujours, pour les
crabes, une époque critique ; après avoir dépouillé
leur cuirasse, ils se trouvent revêtus d'un simple vê-
tement d'étoffe mince qui ne les défendrait pas contre
les outrages de ceux-là mêmes qu'ils méprisent lorsqu'ils sont renfermés dans leur bonne armure. Aussi
passent-ils ce temps de mue dans une profonde retraite.

— Oh ! le singulier coquillage ! s'écria tout à coup
Émilie, qui s'était arrêtée devant une grosse coquille
dont l'animal se traînait sur le sable. Voyez donc, il
a deux grosses pinces comme les crabes, et comme
eux de longues pattes et des antennes qui sortent de
la coquille.

— Ramassons-le pour l'examiner de plus près.

Remarquez d'abord que cette coquille ne vous est pas
inconnue; elle a une singulière ressemblance avec
celle du buccin, que vous compariez si bien à la conque
dans laquelle soufflent les tritons. Remarquez, en
outre, que, malgré tous les efforts qu'il fait pour rentrer dans cette coquille, l'animal n'y réussit que fort
imparfaitement. Évidemment, cette coquille n'est pas
faite pour lui, et, en réalité, il n'en est pas le propriétaire légitime, mais sim-
plement le ravisseur. Cet animal est bien en effet un véritable crabe; la nature lui a
donné des armes et une cuirasse comme à ses congé-
nères, mais elle a oublié la
partie de l'armure qui devait
défendre les parties posté-
rieures de son corps. Le pagure, c'est le nom que lui
donnent les naturalistes, le

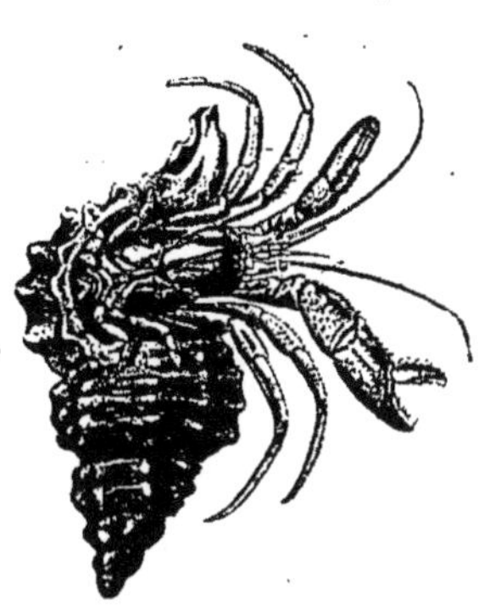

Bernard-l'ermite.

pagure traîne après lui une queue molle et sans
défense, morceau appétissant pour ses voraces con-
génères ; aussi cherche-t-il à réparer autant que
possible l'oubli de la nature par des moyens de défense artificiels et surtout en cachant sa triste et
dangereuse nudité. Malheureusement pour lui, ou
plutôt malheureusement pour d'autres, l'art de bâtir
ne fait pas partie de ses connaissances, et il lui faut
trouver une maison toute faite. Il se met donc en
quête, et s'il trouve quelque bonne et forte coquille

vide à sa taille, il s'en empare aussitôt. Il y entre à reculons pour y loger son abdomen ; puis, à la moindre apparence de danger, il se renfonce dans sa forteresse, comme nous l'avons vu faire à celui que je tiens en ce moment, ne laissant passer que sa tête et ses pinces dont il menace l'ennemi. Cette habitude de se retirer ainsi dans une coquille, comme un ermite dans sa cellule, lui a fait donner le nom de *bernard-l'ermite*. Mais vous allez voir que ce cénobite ne vit pas toujours aussi vertueusement que son saint patron. En effet, le pagure ne trouve pas toujours sur le rivage une coquille vide à sa convenance, et celle qu'il convoite est souvent habitée par son propriétaire naturel; mais cela ne l'embarrasse pas le moins du monde, et comme il faut que la coquille soit vide pour qu'il puisse s'y loger, il résout le problème en mangeant celui qui se trouve dedans, opération par laquelle il se procure à la fois un bon logis et un succulent dîner.

— Voilà un ermite tant soit peu brigand, dit Mme de Senneville.

— D'autant plus qu'il renouvelle ce crime plusieurs fois dans le cours de son existence; car lorsque, par suite des progrès de l'âge, la coquille est devenue trop petite, le pagure la quitte et en cherche une autre; aussi rencontre-t-on sur nos côtes des ermites de toutes tailles et habitant toutes sortes de coquilles.

— Je serais curieuse de voir comment s'y prend l'ermite pour entrer dans sa coquille, reprit Émilie. Mais comment lui faire quitter celle-ci ?

— N'essayez pas d'employer la violence ; le crabe est tellement cramponné au fond de sa coquille, qu'on lui romprait plutôt les pinces ou le corps que de lui faire lâcher prise. Mais nous obtiendrons par la ruse un résultat satisfaisant, et l'ermite va sortir de lui-même de sa cellule.

Et, en parlant ainsi, le docteur tira une allumette de sa boîte et l'enflamma.

— Eh quoi ! demanda Mme de Senneville, vous allez rôtir ce pauvre animal ?

— Soyez sans crainte, madame, il ne se laissera pas brûler.

En effet, le crabe n'eut pas plutôt senti la chaleur de l'allumette, qu'il en sortit vivement en se laissant tomber sur le sable, où il se mit à courir le plus rapidement qu'il put, traînant après lui sa queue d'un air embarrassé.

Après l'avoir vu errer pendant quelque temps, je le pris en pitié et, ramassant une coquille de pourpre vide, je la lui jetai. Le crabe la saisit aussitôt avec ses pinces, la retourna dans tous les sens, en explora l'intérieur au moyen de ses antennes, puis, comme satisfait de son examen, il la posa à terre et y introduisit à reculons le bout de sa queue terminée par une pince ; mais la coquille était trop petite pour que la partie postérieure de son corps pût s'y cacher tout entière. Il s'en contenta cependant faute de mieux, et se remit à vagabonder jusqu'à ce qu'il eût trouvé une petite flaque d'eau, dans laquelle il se réfugia. Je lui jetai alors sa première coquille, qui avait eu le temps

de refroidir. A peine eut-il aperçu celle-ci, qu'il s'en
approcha aussitôt, et, avec une merveilleuse rapidité,
abandonna la pourpre pour reprendre sa demeure
primitive et sans plus l'examiner, comme s'il la re-
connaissait parfaitement.

A ce moment, Émilie apporta un second ermite,
qu'elle venait de trouver traînant sa coquille sur le
sable comme un cul-de-jatte. Elle le jeta dans la
petite flaque d'eau, à côté du premier. Dès qu'ils
s'aperçurent, les deux crabes, ouvrant leurs pinces,
se précipitèrent l'un sur l'autre et engagèrent un
combat terrible. Ils se frappaient de leurs pinces
comme avec une massue, cherchant à se couper les
pattes et à se renverser ; enfin l'un d'eux roula sur le
dos, et son adversaire, profitant de son avantage, lui
brisa l'une de ses pinces. Ainsi désarmé, le malheureux ermite ne tarda pas à être vaincu et dépecé par
son vainqueur, qui le tira morceau par morceau de
sa coquille et s'en reput.

— Oh ! les méchantes bêtes ! dit Mme de Senneville ; elles mangent leur semblable.

— Hé ! madame, répondis-je, les hommes n'en
font-ils pas parfois autant ?

— C'est là une des lois fatales de la nature, reprit
le docteur ; pour l'animal, toute la vie se résume dans
ce mot de Shakspeare : *To be or not to be*, être ou n'être
pas, c'est-à-dire manger les autres ou en être mangé.

— Eh bien alors, dit philosophiquement Mme de
Senneville, laissons dîner ce brave crabe et allons
faire comme lui.

VI

LES ZOOPHYTES.

Fidèles à notre habitude, nous nous rendions le lendemain sur la côte, lorsque du haut de la falaise nous vîmes un charmant spectacle : quarante barques, toutes voiles dehors et pavoisées comme en un jour de fête, partaient à la même heure pour la pêche. Tous les marins de la flottille, accompagnés de leurs mères, de leurs sœurs et de leurs femmes, s'étaient rendus le matin même à la chapelle de Notre-Dame des Flots pour recommander à la patronne ceux qui s'en vont et celles qui restent. Le marin s'embarque confiant après avoir fait ses dévotions, laissant sa femme et ses enfants trop jeunes pour le suivre sous la garde de la sainte Vierge. La femme travaille et prie ; puis, au retour, le pauvre pêcheur, rentrant dans son humble maison, y retrouve sa compagne, simple femme, forte et laborieuse, heureuse de le revoir et remerciant Dieu de l'avoir ramené. Mais, hélas ! reviendront-ils tous ? La mer est un élément perfide. Mollement agitée par la brise, elle berce doucement au départ la barque du pêcheur ; mais que la tempête souffle, aussitôt l'Océan se déchaîne, il brise et engloutit sans pitié ce que tout à l'heure il semblait caresser.

— La mer est une terrible chose, dit Mme de Senneville. Avez-vous parfois rencontré, dans vos promenades du matin, une pauvre folle dont les yeux hagards, le sourire hébété, les longues mèches de cheveux gris pendants sur ses joues creuses, racontent toute une histoire et des plus lamentables. Jeanne, elle aussi, a été une de ces dignes et laborieuses femmes de pêcheurs ; elle aussi a été belle et heureuse. Son mari, courageux pêcheur s'il en fut, et ses trois fils, marins robustes, faisaient régner chez elle l'abondance et la joie ; leur barque rentrait toujours au port chargée de poissons. Mais, un jour, la tempête s'éleva terrible, et la barque ne revint pas, ni le brave pêcheur, ni ses trois fils. La mer ne rendit pas une planche, pas un agrès, pas un cadavre. La pauvre Jeanne passa deux jours et deux nuits sur la plage, et lorsque enfin on put l'arracher de cette place où elle semblait vouloir mourir, elle était folle. Depuis lors, elle vit tristement de la pitié des bonnes âmes, retirée dans une misérable cabane que vous pouvez voir là-bas, au plus haut de la falaise. Tantôt elle erre dans le cimetière, où elle cherche constamment des tombes qu'elle ne trouve jamais ; tantôt, aux jours de grosse mer, elle s'assied sur le bord du précipice, regardant à ses pieds la mer qui lui a tout ravi, mêlant ses chants bizarres aux cris plaintifs des mouettes, et insensible aux rafales du vent et aux torrents de pluie. Pauvre Jeanne !

Cette triste histoire, simplement racontée, nous avait tous profondément émus. Nous gardions le silence en regardant s'éloigner la flottille des pêcheurs, lorsque, pour chasser les idées noires, je demandai tout à coup au docteur :

— Et où vont ces pêcheurs ?

— Ils se rendent sur les côtes d'Écosse, où les bancs de harengs font leur apparition à cette époque de l'année, sans qu'on sache bien d'où ils sortent. Ils paraissent tout à coup, formant comme des îles flottantes de plusieurs lieues d'étendue, et leurs masses

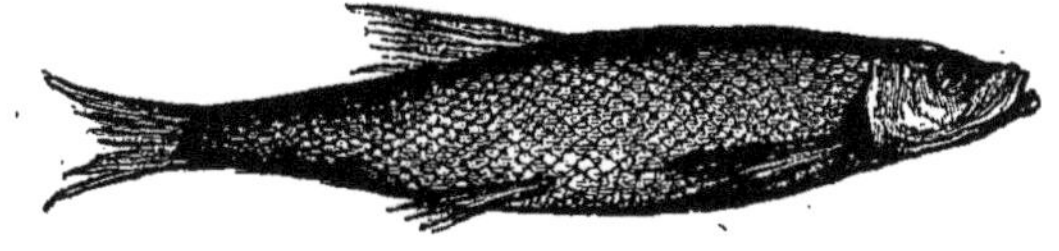

Hareng.

sont si serrées, si compactes, que ni la sonde ni le harpon n'y peuvent pénétrer. Ce que les requins et les autres gros poissons en dévorent, Dieu seul le sait ! Ce qui en périt sur les côtes est incalculable, et l'on en pêche encore plusieurs centaines de millions chaque année. — « Vous n'avez jamais vu de plus beau spectacle, me disait encore ce matin un vieux pêcheur dieppois, que celui des harengs s'avançant en colonnes serrées à la surface de l'eau, dans une nuit calme où la lune brille au ciel; on dirait un tapis d'argent tout parsemé de pierres précieuses, et l'eau qui les entoure paraît tout en feu. La mer ne semble pas assez grande pour contenir tant de poissons, et les filets rompent sous le poids. Mais un beau jour on entend un grand bruit, comme lorsque la glace se fend : c'est le signal du départ, et, dans l'espace d'une seule nuit, là où il y avait des milliards de harengs il n'en reste pas un seul. » — De tous les animaux de la création, les poissons sont les plus féconds : l'œuvé d'un hareng, que vous avez eu fréquemment l'occasion de voir, offre le type de la généralité des œufs chez les animaux de cette classe, et leur quantité surprenante explique comment, malgré le nombre prodigieux d'ennemis qui font à ces poissons une guerre toujours heureuse, on voit chaque année leurs légions innombrables s'avancer dans nos mers. Les morues sont non moins prolifiques que les harengs, et l'on a calculé qu'une seule morue peut pondre environ dix millions d'œufs dans le cours de son existence. Or, même en admettant qu'un seul œuf sur mille arrive à son terme, on voit que la race des morues, non plus que celle des harengs, n'est pas près de s'éteindre.

— Mais quelle est la cause de ces migrations périodiques? demanda Mme de Senneville.

— La principale cause de la migration des poissons est sans doute le besoin de frayer ; les œufs n'éclosant que dans les eaux bien aérées et réchauffées par le soleil, les poissons se rapprochent des régions tempérées, où leur progéniture doit trouver les conditions les plus favorables à son développement. En outre, nos côtes fourmillent à cette époque d'une quantité de vers, de mollusques et de petits poissons qui leur fournissent une nourriture aussi abondante que délicate. De même que la douceur du

climat et l'abondance des productions de l'Italie attiraient sur l'empire romain les hordes affamées des
barbares du Nord, de même la disette des mers
polaires pousse sur nos côtes plus favorisées les
bancs immenses des harengs, des sardines, des maquereaux, etc. Lorsqu'ils sont bien repus et qu'ils
ont frayé, ils remontent vers le Nord ; mais ils rencontrent alors les morues et autres poissons voraces,
qui les attendent au passage et en font une consommation prodigieuse. Les morues, à leur tour, rencontrent des gaillards bien endentés, tels que requins, cachalots, marsouins et autres Gargantuas
marins, sans compter quelques milliers de pêcheurs
de toutes les nations, qui leur infligent la peine du
talion.

— Ce qui prouve la vérité de cet aphorisme, sinon
la richesse de la rime, dis-je en riant :

> Que, parmi tous les animaux
> Les petits sont mangés des gros.

— Et si cela est vrai, il n'est pas moins vrai que
les gros sont mangés par les petits ; car il n'est pour
ainsi dire pas d'animal sur lequel ne vive à ses dépens quelque parasite. La nature trouve ainsi le
moyen de satisfaire tous ces terribles appétits et de
maintenir en même temps un merveilleux équilibre
entre la production et la destruction. Et s'il n'est pas
à craindre que les antiques races des harengs et des
morues viennent à s'éteindre faute d'héritiers, il n'y
a non plus aucun danger de voir ces prodigieuses

lignées envahir l'empire des mers. Les espèces des-
tructives sont loin de se multiplier dans la même
proportion; car, s'il en était ainsi, l'Océan serait
transformé en un vaste champ de carnage, où bientôt
le combat finirait faute de combattants. Aussi les
œufs de certains gros poissons voraces, tels que les
requins et les raies, sont-ils confiés un à un à la mer.
Mais, les semant d'une main moins prodigue, la
nature n'a pas voulu qu'ils fussent soumis aux mêmes

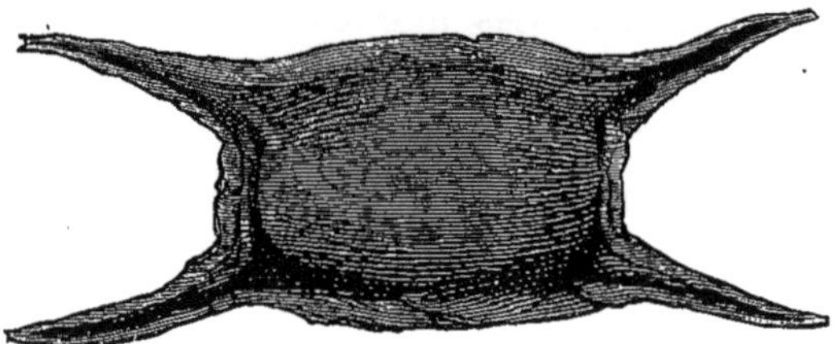

OEuf de raie.

chances de destruction que ceux qu'elle sème par
milliards chaque année au sein des eaux, et, afin de
les préserver d'être le jouet des vagues ou de périr
sur le rivage, elle leur a donné une forme toute par-
ticulière. On trouve fréquemment sur la plage l'enveloppe vide de l'œuf de la raie; cet œuf, d'une
consistance cornée, mais élastique, ne peut être facilement brisé ni pénétré. Sa forme générale peut être
comparée à celle d'une taie d'oreiller, en carré long,
d'un brun noir, et ses angles sont prolongés en
pointes, ce qui lui donne quelque ressemblance avec
un brancard. Celui qui ne connaît pas la véritable
nature de ces objets serait vraisemblablement tenté

de les prendre pour les fruits de quelque plante marine. L'œuf de la roussette, ou chien de mer, espèce
de petit requin, diffère de celui de la raie en ce que
de ses angles partent, au lieu de pointes rigides, de
longs filaments contournés comme les vrilles des
plantes grimpantes et qui ont la même destination ;
ils servent à fixer les œufs aux plantes marines et
les y maintiennent solidement ancrés de façon à
défier la fureur des vagues. Lorsque le petit poisson
a atteint l'époque fixée pour sa délivrance, le bord
supérieur de l'œuf, près duquel est située la tête du
petit animal, se décolle pour lui livrer passage.

Pendant ce temps, les voiles avaient disparu à
l'horizon, et la mer commençant à se retirer, nous
descendîmes sur la plage, où nous attendait un autre
spectacle. La grève offrait la scène la plus animée ;
elle était couverte de femmes et d'enfants qui, les
jambes nues, tenant à la main un panier et un crochet emmanché d'un bâton, s'empressaient d'aller
recueillir les fruits que la mer abandonne sur ses
rivages. Les uns cherchaient dans le sable, ou au
milieu des rochers, les mollusques, les crabes et
autres animaux marins que la vague a rejetés de son
sein. Ils détachaient des rochers les patelles ou ber-
lins, les vignots ou bigornaux, les buccins ou rans,
les moules, etc.; sous les touffes de varechs ou sous
les pierres, qu'ils retournaient à l'aide de leurs crochets, ils trouvaient divers crustacés, tels que le
ménade, le tourteau, l'étrille ; dans les flaques d'eau,
ils recueillaient les crevettes et quelques petits pois-

sons. Pendant ce temps, les pêcheurs, armés d'une bêche ou d'un râteau à larges dents triangulaires, retournaient le sable encore humide et déterraient tantôt un petit poisson au corps allongé comme une anguille et d'un bleu argenté, le lançon ; tantôt quelque petit poisson plat : limande, sole ou carrelet ; d'autres fois un gros ver rougeâtre, l'arénicole, qu'ils recueillent avec non moins de soin, car c'est un des meilleurs appâts pour la pêche. La mer est plus riche et plus prodigue de ses richesses que la terre ; elle les livre sans semailles, et deux fois par jour le pêcheur vient faire la récolte.

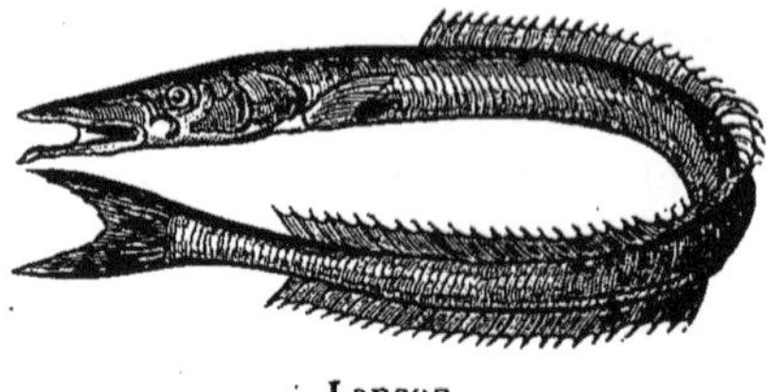

Lançon.

Parmi les objets bizarres que la mer rejette sur la plage, il en est un auquel sa forme a fait donner le nom d'*étoile de mer*. C'est un animal au corps plat, se prolongeant en cinq rayons égaux, et dont la forme rappelle celle que l'on donne aux étoiles dans les arts. La face supérieure est couverte d'une peau dure et rugueuse, d'un rouge orangé ; le dessous est d'un blanc jaunâtre. Au centre est l'ouverture qui sert de bouche. Si vous examinez un des rayons en dessous, vous verrez qu'il est divisé dans toute sa longueur par une rainure, de chaque côté de laquelle sont deux rangées de petites ouvertures qui donnent passage à des tubes membraneux ou pieds.

Ces pieds sortent et rentrent à la volonté de l'animal
et sont mus par un mécanisme très curieux. La forme
de ces organes est celle d'un tube creux, retenu dans
la peau de l'animal par une tête globuleuse, de sorte
que chaque pied est comme un clou à grosse tête
enfoncé à travers la peau de dedans en dehors. La
partie renflée de ces pieds retenue dans la peau est

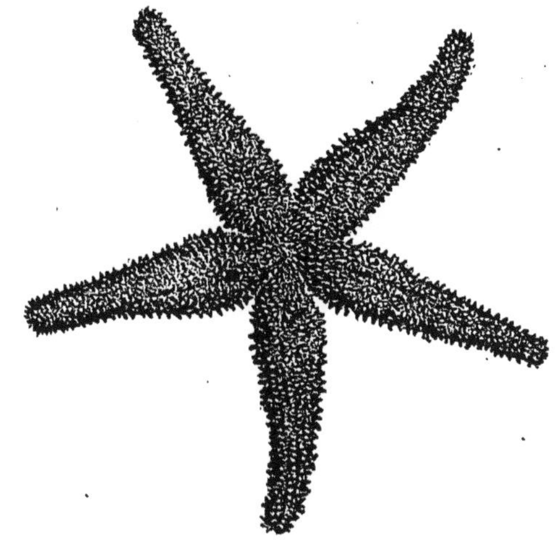

Étoile de mer.

une petite vessie remplie de liquide ; lorsque l'animal
veut allonger ses pieds, il en comprime la tête vési-
culeuse, dont le liquide, refluant dans le tube qui
constitue la jambe, l'étend et le raidit, et lorsqu'il
cesse de comprimer cette partie renflée, le liquide
y rentre aussitôt, et la partie extérieure s'affaisse.
Comme vous voyez, l'effet est analogue à ce qui se
produit lorsqu'on souffle dans un gant : les doigts

se raidissant tant que dure le souffle et retombant dès que l'on retient son haleine. Chacun de ces pieds est terminé par une petite cupule qui fait l'office de ventouse ; lors donc que l'étoile veut cheminer, elle allonge ses jambes vers le point où elle tend, les fixe au sol, tire dessus, en projette d'autres plus loin, et ainsi de suite.

— Quel malheur que toutes ces étoiles soient mortes ! J'aurais été bien curieuse de les voir marcher, dit Émilie.

— Pour beaucoup d'entre elles, cette mort n'est qu'apparente. Tenez, en voici une dont la consistance ferme et l'élasticité semblent indiquer qu'elle est vivante. Mettons-la dans une de ces petites flaques d'eau, et nous la verrons bientôt, je crois, donner des signes d'activité... Tenez, la voyez-vous déjà se glissant sur le fond d'un mouvement presque imperceptible ?

— Oui, vraiment, reprit Mme de Senneville ; la voilà en marche, mais elle semble se diriger tout droit sur cette grosse pierre. Que ferait-elle, arrivée là ?

— Cela ne l'embarrassera nullement, comme vous l'allez voir.

En effet, arrivée près de l'obstacle, l'étoile poussa tout doucement un de ses rayons contre la surface de la pierre, puis un second, un troisième, et franchit l'obstacle aussi facilement que s'il n'existait pas.

— Les rayons de l'étoile de mer sont doués d'une telle souplesse, continua le docteur, qu'ils embras-

sent les objets sur lesquels ils s'appliquent de manière à en épouser la forme, et l'animal peut ainsi
escalader des rochers à pic, retenu par ses innombrables ventouses. Les étoiles de mer, ou astéries,
comme les nomment les naturalistes, pondent de
grandes quantités d'œufs ; mais elles ont en outre
un autre mode singulier de reproduction. Remarquez que dans ce grand nombre d'astéries éparses
sur la plage il en est qui n'ont que quatre ou même
que trois rayons, non pas qu'elles soient venues
ainsi au monde, mais parce que les rayons man-
quants ont été amputés ou brisés par un accident
quelconque. Si vous y regardez de près, vous découvrirez un petit moignon indiquant que les rayons
commencent à repousser. Les étoiles ont en effet la
faculté de reproduire les portions de leur corps qui
leur sont enlevées, et cette faculté de reproduction
est même portée à un tel point chez ces animaux,
que chaque portion importante retranchée de leur
corps peut devenir une astérie complète.

— Voilà qui est commode, dis-je ; quel malheur
que nos braves invalides ne jouissent pas de cette
faculté de renouveler leurs membres amputés !

— Voyez sur ces rochers à fleur d'eau que la mer
vient de découvrir ces petites masses charnues de
grosseur variable et dont la forme imite assez bien
celle d'une bourse de quêteuse. Ces masses paraissent immobiles et collées au rocher par leur base.
Mais avancez un peu plus loin, là où une mince
nappe d'eau couvre encore la roche, et vous jouirez

d'un tout autre spectacle : les bourses se sont ouvertes, ou plutôt changées en fleurs, dont les nuances
agréables et variées ne le cèdent en rien aux plus
belles fleurs de nos serres. De plus, ces fleurs sont
animées et agitent dans tous les sens leurs brillants
pétales. Ce sont des anémones de mer ou, pour leur
donner leur nom scientifique, des *actinies*. Remarquez, en passant, que le nom d'*ané-
mones* ne leur con-
vient qu'imparfaite-
ment ; car, par leurs
nombreux rayons
colorés, elles rappel-
lent bien plutôt les
marguerites ou les
chrysanthèmes aux
innombrables péta-
les. Si vous observez
de plus près ces êtres

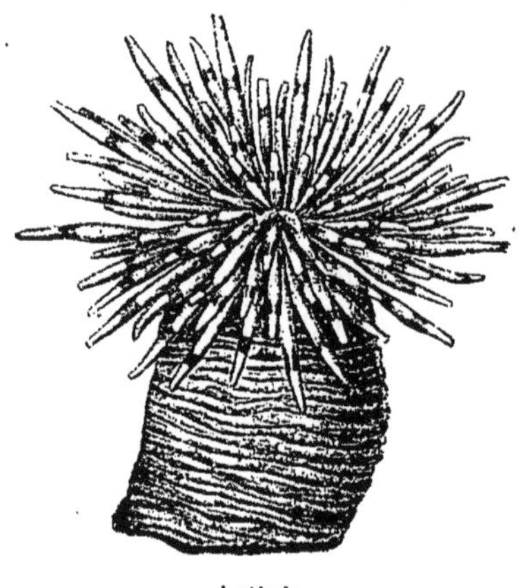

Actinie.

singuliers, vous reconnaîtrez un corps en forme de
bourse, fixé par sa base au rocher et couronné supérieurement par un très grand nombre de tentacules,
ou cornes charnues disposées sur plusieurs rangs
circulaires et au milieu desquelles se trouve la bouche.
Celle-ci sert d'ouverture à l'estomac, qui est un sac
sans autre issue. C'est, comme vous voyez, une organisation assez simple, comme qui dirait un vase à
doubles parois. Les tentacules, ou cornes, sont creux
et communiquent avec l'espace compris entre les

deux parois, espace toujours rempli d'eau. C'est par
la contraction de ces membranes que l'animal fait
remonter l'eau dans les tentacules et les étend ainsi
à volonté; lorsque, au contraire, il distend ces parois, le liquide se retire des tentacules qui se refer-
ment sur la bouche. Si vous touchez une de ces actinies épanouies, elle se contracte aussitôt, se referme,
et vous n'avez plus sous les yeux qu'une petite masse
charnue.

— Ah ! mais voyez donc quelle variété étonnante !
s'écria Émilie. En voilà de très grosses, les unes
toutes blanches, les autres pourpres ; en voilà de
vertes, de rayées, de panachées; ces petites ressemblent absolument à des pâquerettes.

— Oui, on en connaît un très grand nombre d'espèces, qui, toutes, présentent les mêmes mœurs.
Non seulement les actinies sont capables de mouvement, mais même de progression ; elles rampent ou
plutôt elles glissent sur leur pied, non pas brusquement, mais d'un mouvement aussi lent et aussi régu-
lier que celui de l'aiguille d'une horloge; d'autres
fois elles se détachent et se laissent aller au gré des
vagues. Lorsque l'animal veut se fixer à un corps, il
applique à la surface sa base aplatie, puis, comme la
patelle, il soulève en dôme le centre de son pied, qui
agit alors comme une ventouse; et telle est sa force
d'adhérence dans cette position, qu'on le déchirerait
plutôt que de lui faire lâcher prise.

Les actinies sont des animaux très voraces ; on les
voit sans cesse arrêter au passage les petits animaux

qui passent à leur portée, remplissant les intervalles de leurs repas par un perpétuel dessert d'animalcules microscopiques, qu'attire dans leur gouffre béant le courant déterminé par le mouvement continuel de leurs tentacules. On peut dire de ces animaux qu'ils ne mangent pas pour vivre, mais qu'ils vivent pour manger. Il est fort surprenant de voir des êtres mous et sans armes apparentes, comme les actinies, faire leur proie d'animaux relativement robustes et très bien défendus ; c'est ainsi qu'on les voit souvent engloutir de petits crabes et de gros coquillages, tels que les moules, qu'elles font entrer dans leur estomac en les poussant avec leurs tentacules et en les y maintenant à l'aide de ces organes, qui ferment hermétiquement la bouche ; puis, lorsque leurs puissants sucs gastriques ont dissous toute la substance alimentaire de l'animal, elles en rejettent le résidu, carapace ou coquille, par la bouche, en renversant leur estomac. Les anémones de mer possèdent à un plus haut degré que les étoiles la faculté de reproduire en peu de temps les parties de leurs corps tronquées ou déchirées. Une actinie que l'on coupe en deux, en quatre et plus, donne bientôt naissance à autant d'animaux complets qu'il y a de morceaux.

— Voilà qui est vraiment merveilleux, dit Mme de Senneville ; et comment cela se peut-il ?

— Chez les animaux des classes supérieures, quadrupèdes, oiseaux, reptiles, poissons, dit le docteur, tout le système nerveux converge en un seul point, il n'a qu'un seul centre : le cerveau, qui préside au

sentiment, à la vie; une lésion grave de cet organe
capital entraîne la mort de l'individu, et toute partie
que l'on détache de son corps périt plus instantanément encore. Mais à mesure que l'on descend vers
les degrés inférieurs de l'échelle animale, le système
nerveux se décentralise, il ne converge plus en un
seul foyer comme au cerveau lumineux de l'homme
et des mammifères; il se trouve également dissé-
miné par tout le corps, et chaque ganglion particulier représente comme un petit cerveau, comme un
centre de vitalité distinct. Il suffit donc qu'une partie
détachée de l'animal renferme un de ces petits cer-
veaux pour qu'elle continue à vivre et se développe
bientôt en reformant les parties qui lui manquent.
C'est, pour prendre un point de comparaison, comme
le tubercule d'un dahlia ou d'une pomme de terre,
qui, coupé en morceaux, reproduira autant de plantes
distinctes qu'on aura semé de morceaux, pourvu que
ceux-ci soient munis d'un œil ou bourgeon qui repré-
sentera ici les ganglions nerveux des êtres inférieurs. Ces animaux, qui offrent de nombreuses ana-
logies avec les végétaux, ont reçu pour cette raison
le nom scientifique de *zoophytes*, qui veut dire ani-
maux-plantes.

— Je comprends parfaitement votre comparaison,
dit Mme de Senneville, et la nature devait bien cette
compensation à des êtres qui, privés de sens et de
membres, ne pouvaient éviter les nombreuses causes
de destruction auxquelles ils sont en butte. Mais
voyez donc, docteur, le long du rivage, ces petites

masses gélatineuses à demi transparentes et d'une teinte bleuâtre; on dirait de l'empois, et je n'en ai jamais tant vu. J'ai souvent demandé aux pêcheurs d'où provenait cette substance, et je n'ai jamais pu en tirer autre chose, sinon que c'était de la gelée de mer qui brûlait la main lorsqu'on y touchait et fondait au soleil.

— C'est un animal.

— Un animal, cela?

— Oui, et des plus singuliers. Vous le voyez là, affaissé sur lui-même et informe; mais il n'en est plus de même lorsqu'il est dans son élément. Nous allons l'y replacer.

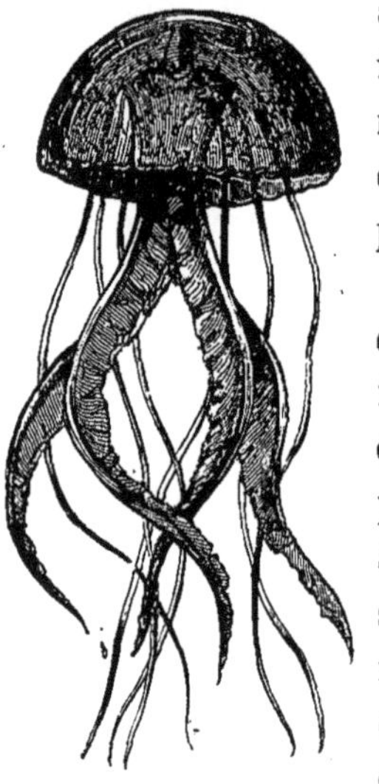

Méduse.

Il glissa alors sous une de ces masses gélatineuses une feuille de papier et la porta dans une flaque d'eau assez profonde, où elle ne tarda pas à se développer et à reprendre sa forme habituelle. Elle s'arrondit en dessus en un dôme élégant comme un énorme champignon de verre ou d'opale d'un bleu azuré, au-dessous duquel flottaient de longs tentacules et des membranes allongées en forme de feuilles.

— Oh ! le singulier animal ! s'écria Émilie. Comment soupçonner ces formes élégantes dans ces petits tas de gelée?

— Cet être singulier, en effet, a reçu le nom de *méduse*, parce qu'on a comparé aux serpents qui coiffaient la tête de la Gorgone les organes pendants à la partie inférieure de l'ombrelle qui forme le corps de l'animal. Ces longs filaments sont des suçoirs comparables aux racines des plantes, car la méduse n'a pas de bouche; ils pompent les sucs dont elle se nourrit et les conduisent dans la cavité digestive, qui se prolonge dans toutes les parties du corps sous forme de canaux ramifiés. On rencontre souvent des troupes innombrables de ces animaux voguant de conserve en pleine mer. Ces méduses sécrètent une humeur âcre et brûlante, qui produit sur la peau, quand on les touche, la même sensation que les orties, d'où leur nom vulgaire d'*orties de mer*.

VII

Combien de merveilles recèlent les profondeurs
de l'Océan! Le fond des mers offre, comme les con-
tinents, de profondes vallées, de vertes prairies,
des déserts sablonneux avec leurs oasis; il a d'im-
pénétrables forêts, des jardins fleuris et de riants
paysages à côté de ses rocs nus et déchirés, de ses
abîmes pleins d'horreur. La vie abonde dans l'Océan;
partout elle est répandue à profusion dans son sein.
Près des rocs arides du Spitzberg, vers les plages
inhospitalières et couvertes de glaces de la terre
Victoria, là où le sol ne produit même plus l'humble lichen, où l'ours polaire, où le renne lui-même
ne sauraient trouver leur subsistance, la mer est
remplie de fucus et de mousses marines, au milieu
desquels des myriades de petits êtres vivants passent leur existence. Chaque goutte d'eau est un
foyer de vie, et l'on peut dire avec le poète :

> Que le Dieu créateur qui prodigua les mondes,
> Dans l'abîme des eaux sema tant d'habitants,
> Qu'à les compter lui-même il userait le temps.

Et non seulement la mer contient une incalculable
variété d'espèces qui surpasent tout ce que la terre
et les airs peuvent produire ensemble; mais c'est

encore dans ces eaux que vivent les êtres les plus
étonnants par des formes bizarres ou monstrueuses ;
elle renferme ce qu'il y a de plus grand et ce qu'il
y a de plus petit dans la création, depuis la baleine
colossale jusqu'à la monade microscopique, depuis
le fucus gigantesque qui mesure parfois 400 mètres
de longueur jusqu'à cette algue imperceptible, à
laquelle est due la coloration rouge de certaines
mers, et dont plus de quarante mille tiendraient
dans un millimètre cube. Malheureusement il n'est
pas donné à l'homme de visiter ces merveilleuses
régions sous-marines, et un bien petit nombre de
leurs habitants nous est connu. Cependant, lors des
fortes marées, la mer, sollicitée par les forces d'attraction combinées de la lune et du soleil, dépasse
de beaucoup ses limites habituelles, et le flot laisse à
sec des régions ordinairement submergées, où l'on
trouve une foule d'animaux et de plantes que l'on
ne rencontre pas dans les limites des marées habituelles. Ces fortes marées sont une bonne fortune
pour le naturaliste, qui voudrait avoir alors les cent
yeux d'Argus pour mieux explorer la grève, et les
cent bras du géant Briarée pour ramasser plus vite
tout ce qu'il voit.

Ce jour-là était justement une des fortes marées
de l'année, et le docteur avait résolu d'en profiter
pour récolter les plantes marines qui ne croissent
pas habituellement dans la zone que laissent à sec
les marées ordinaires. Il soumit ce projet aux dames,
qui l'acceptèrent avec empressement, et, chemin fai-

sant, il nous donna quelques explications sur la végétation des plantes marines.

— On comprend sous le nom général d'*algues* ou d'*hydrophytes* (plantes d'eau) tous les végétaux qui croissent au sein des mers. Toutes ont besoin, pour croître et se multiplier, de la présence de l'eau, condition essentielle de leur existence ; mais beaucoup d'entre elles supportent parfaitement les alternatives d'émersion et de submersion causées par les marées. Les algues ont une organisation très simple : les unes sont composées de cellules emboutées les unes dans les autres ; les plus compliquées ne sont, en réalité, que des masses gélatineuses recouvertes d'une enveloppe qui ressemble à du cuir lustré, divisées en rameaux irréguliers terminés par des lames membraneuses en guise de feuilles. Les algues n'ont pas, comme les plantes terrestres, de véritables racines destinées à puiser dans le sol les substances nécessaires à l'accroissement de l'individu ; elles n'ont, pour les maintenir en place, qu'une sorte d'empâtement, ou faisceau de crampons qui ne contribuent en rien à la nourriture du végétal ; aussi la nature du terrain importe-t-elle peu aux plantes marines, dont le plus grand nombre choisit même les rocs les plus nus pour s'y développer. C'est par tous les points de leur surface que les algues absorbent leur nourriture de l'eau environnante.

Les algues jouent un rôle important dans l'économie de la nature ; de même que les plantes terrestres servent à l'alimentation d'un nombre immense de

mammifères, d'oiseaux, d'insectes et de l'homme lui-
même ; de même aussi les plantes marines fournissent une nourriture abondante à des myriades de
poissons, de mollusques, etc., destinés, comme les
herbivores terrestres, à devenir la proie d'espèces
plus voraces. D'immenses prairies sous-marines sont
habitées par des milliers d'animaux qui y trouvent
à la fois un abri et de gras pâturages. Les algues
sont encore d'une grande utilité pour l'homme ; elles
lui fournissent un excellent engrais et livrent à l'industrie la soude qu'elles recèlent. Plusieurs espèces
sont même usitées comme aliment dans les contrées
pauvres du littoral.

Les algues marines peuvent se répartir en trois
familles assez naturelles, dont la couleur est un des
caractères distinctifs les plus marquants. La première, celle des algues vertes ou zoospermées, doit
ce dernier nom, qui signifie graines animées, au
phénomène organique le plus singulier peut-être que
présente le règne végétal. Ces plantes abondent vers
la limite des hautes eaux, surtout dans les flaques
comprises dans la zone des marées ordinaires. Pendant que la mer baisse encore, nous aurons tout le
temps de les étudier. La seconde famille, celle des
algues brunes ou vert-olive, les phycées, est plus
abondante vers la limite des basses marées et couvre
les rochers de cette région : ce sont les fucus et les
varechs. La troisième famille, celle des algues rouges
ou floridées, ne se rencontre guère que sous une eau
profonde, à l'abri de l'air et de la lumière. Nous les

verrons à la limite des basses eaux, qui doivent aujourd'hui se retirer bien au delà du point où elles s'arrêtent habituellement.

Les algues vertes sont celles qui offrent la structure la plus simple; ce sont ces conferves connues sous le nom de *gazon de mer*, et qui couvrent ces grosses pierres d'une couche glissante d'un vert brillant, ou remplissent les flaques peu profondes de leurs touffes herbeuses. Ces plantes, qui vous paraissent comme une fine soie verte, consistent en membranes tubulaires montrant sous le microscope une foule de petites cellules remplies de granules. Lorsque la plante est arrivée à son parfait développement, les granules verts que renferment les cellules se transforment en véritables animalcules; ils percent la paroi de leur prison, s'en échappent et nagent d'un mouvement rapide au moyen des cils vibratiles dont ils sont couverts; puis, après avoir vagabondé pendant un temps plus ou moins long, ils se fixent sur quelque corps sous-marin, restent immobiles, germent comme une graine et se développent en une petite algue marine. Ces graines ont une telle ressemblance avec certains animaux infusoires, qu'elles ont été décrites comme tels par des naturalistes expérimentés.

Cette large feuille ovale, d'un beau vert transparent, ondulée et plissée comme une feuille de laitue, est l'ulve, ou laitue de mer; on la mange sur nos côtes Elle appartient à la famille des zoospermées, ainsi que cette autre petite plante d'un vert si vif,

qu'on dirait formée d'un faisceau de plumes gracieusement groupées ensemble.

— Oh ! qu'elle est jolie ! dit Émilie, qui plongea
aussitôt sa main dans l'eau pour la cueillir.

Mais dès qu'elle fut à l'air, ses petits rameaux s'af-
faissèrent les uns contre les autres et n'offrirent
plus qu'une masse informe.

— Quel dommage ! s'écria-t-elle ; la voilà perdue !

— Non pas, vous pourrez vous donner le plaisir
de l'observer longtemps en la conservant dans une
carafe remplie d'eau de mer, où elle reprendra sa
forme gracieuse. Mais descendons plus bas. Les longues touffes de varechs olivâtres qui pendent comme
des chevelures en désordre à la pointe des rochers
que les vagues découvrent à marée basse nous feront
faire connaissance avec la famille des phycées. Ce
groupe renferme des plantes plus robustes et de plus
grande taille que les deux autres. Voici le varech
commun ou fucus à vessies ; c'est de toutes les algues
la plus abondamment répandue sur nos côtes. De
l'espèce d'empâtement qui la fixe au rocher s'élève,
comme vous voyez, une tige cylindrique, qui s'élargit
bientôt en lames bifurquées et parsemées de vessies
rondes remplies d'air. Cet autre fucus, dont les feuilles
ou frondes sont plus larges et dentées sur les bords
comme une lame de scie, est le fucus denté ; il ne
porte pas de vésicules. Celui-ci est le fucus noueux ;
ses tiges, très épaisses, sont renflées de distance en
distance par des vessies remplies d'air. Ces fucus,
très communs sur toutes nos côtes, où on les dé-

signe sous le nom de *varechs,* constituent un excellent engrais et fournissent de la soude en abondance.
Sur les côtes de Normandie et de Bretagne on en
fait la récolte; on les étale sur la grève, hors de la

Fucus et laminaire.

portée des vagues, et lorsque la dessiccation est
complète, on y met le feu. On brasse fortement les
cendres lorsqu'elles sont rouges, et elles se prennent
en petites masses : c'est ce qu'on appelle *la soude
brute.*

— Comme la mer se retire au loin ! dit Mme de

Senneville ; elle a de beaucoup dépassé sa limite habituelle la plus basse ; et quelle riche végétation couvre cette nouvelle zone ! Voilà, fixée sur ce rocher par d'énormes racines, une grande plante qui a au moins 2 mètres de hauteur ; sa grosse tige, ronde et droite, se termine en une large fronde plane, découpée en lanières nombreuses comme les doigts de la main ; on croirait voir de loin un petit palmier.

— Votre description est parfaite, madame ; c'est, en effet, la laminaire digitée, l'une des plantes marines les plus robustes qui croissent sur nos côtes. Vous pouvez voir un peu plus loin une autre espèce de laminaire ; sa tige, au lieu de s'épanouir comme celle-ci en un large éventail découpé, se prolonge en un long ruban vert qui flotte au gré des vagues, ou retombe le long de la tige lorsque la plante est à sec comme en ce moment. On lui donne le nom poétique de *baudrier de Neptune*. La tige de ces laminaires est très forte et l'on s'en sert pour faire de très jolis manches de canif et de couteau.

Fucus noueux.

Lorsqu'elle est fraîche, elle est assez molle pour se laisser couper facilement et pour recevoir dans son centre le prolongement d'une lame ; mais les fibres de la plante se contractent de façon à serrer comme dans un étau le corps qu'elles enveloppent et à prendre la dureté et l'apparence de la corne de cerf. Les plus grandes laminaires de nos côtes atteignent 3 et 4 mètres ; mais ce sont des pygmées, si on les compare aux algues gigantesques des mers du Sud et de l'océan Pacifique, dont les troncs, de 7 à 8 mètres de hauteur, portent d'énormes bouquets de feuilles qui forment par leur développement un demi-cercle d'un diamètre égal. D'autres flottent à la surface des eaux, soutenues par d'énormes vésicules remplies d'air, et forment au-dessus des vagues, par leur agglomération, d'immenses prairies dont la couleur verte se détache au loin sur le sombre azur des eaux. Quelques-unes de ces plantes, au dire des navigateurs, n'ont pas moins de 300 à 400 mètres ; telles sont celles que l'on rencontre entre les Açores et les Antilles, formant des îles flottantes de 25 à 40 lieues d'étendue. Ce sont ces prairies mobiles qui étonnaient et effrayaient les premiers navigateurs, et Christophe Colomb employa trois mortelles semaines à franchir l'une d'elles.

— Oh ! mais voyez donc comme les eaux se sont retirées ! elles laissent à découvert là-bas une large bande rouge qui semble marquer le contour des terres, comme les lignes coloriées de nos cartes de géographie.

— C'est la zone des algues rouges ou floridées ; hâtons-nous d'aller les observer avant que la mer

les submerge de nouveau. Voyez-vous cette petite
plante qui forme presque à elle seule, tant elle est
commune, la zone rouge que vous signaliez tout à
l'heure ? C'est la coralline, ainsi nommée parce que,
par sa forme et sa couleur, elle rappelle le corail.
Elle est composée de nombreuses tiges grêles, articulées, branchues,
ne dépassant guère
un décimètre de hau-
teur, mais formant
des masses épaisses.
Cette petite plante
offre un autre point
de ressemblance
avec le corail : c'est
la singulière pro-
priété d'extraire de
l'eau de mer, pour
s'en revêtir, une
couche de carbonate
de chaux suffisante

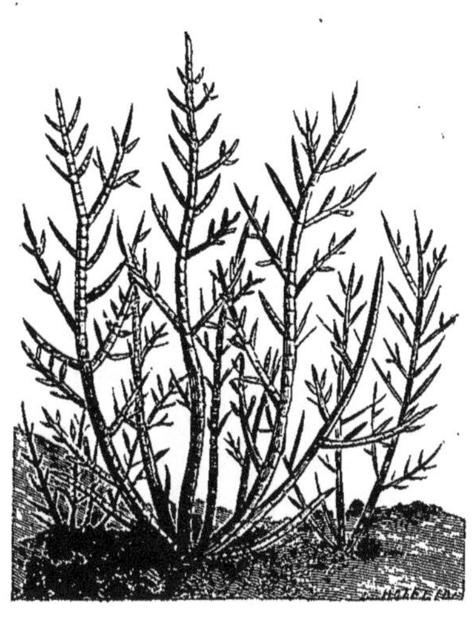

Coralline.

pour que, les parties végétales étant mortes et dé-
composées, la portion calcaire reste intacte et conserve sa forme primitive. Lorsqu'elle est vivante, la
coralline est rose ou d'un rouge pourpre ; les tiges,
complètement blanches, ne sont que des morts, et,
quand on les recueille, il ne reste entre les mains
que le blanc squelette de pierre. Dans le corail, ce
sont des animalcules semblables à ces jolies étoiles
vivantes que vous avez vues sur les polypiers micros-

copiques du crabe maïa, qui sécrètent ces belles tiges
pierreuses d'un rouge de sang, tout comme les mollusques produisent leurs coquilles.

Cette charmante algue d'un rouge si brillant est
la céramie plumeuse ; ses tiges, hautes de 2 déci-
mètres environ, sont garnies de rameaux disposés
régulièrement des deux côtés comme les barbes d'une
plume, et chacun de ces rameaux est à son tour garni
de ramuscules délicats. Cette autre est la céramie élégante ;
ses tiges, d'une extrême finesse, sont rameuses, à arti-
culations composées de cellules cylindriques alternativement blanches et roses. Regardez-la avec la loupe et
voyez si vous connaissez beaucoup de plantes terrestres qui
puissent lui être comparées.

— Quel merveilleux petit arbre, s'écria Mme de Senneville, quel dommage qu'on ne

Céramie élégante.

puisse conserver d'aussi jolies choses !

— On peut parfaitement les conserver, madame,
et les plantes marines offrent même sur les plantes
terrestres cet avantage de garder intactes leurs
formes et leurs couleurs. Un herbier formé des plus
belles fleurs de nos champs et de nos bois est affreux

à voir ; rien ne rappelle dans ces momies décolorées et desséchées la gracieuse plante que l'on y a renfermée ; les algues vertes et les floridées, au contraire, gagnent en brillant et en coloris par leur exposition à la lumière et à l'air. Rien n'est beau comme un album formé de ces petites plantes, qui non seulement charment les yeux, mais encore vous tiennent lieu d'un journal propre à rappeler une foule de souvenirs, pour peu que vous ayez eu soin de transcrire sous chaque plante la date et le lieu où vous l'avez trouvée. Le meilleur procédé pour les recueillir est de les mettre dans une carafe à large goulot et remplie d'eau fraîche. Cette eau doit être renouvelée plusieurs fois, afin de bien débarrasser les plantes de tout leur sel, qui, étant déliquescent, attirerait l'humidité et la moisissure, et amènerait infailliblement la prompte destruction de la collection entière. Lorsqu'elles ont été bien lavées, on plonge les algues une à une dans une large cuvette ou bassin rempli d'eau fraîche et bien claire, puis on glisse sous la plante flottante une feuille de beau et fort papier, sur lequel on étale et l'on sépare, à l'aide d'une longue aiguille, les petits rameaux, en cherchant à donner à la plante le port qu'elle a naturellement dans la mer. Cela fait, on retire doucement le papier de l'eau en soulevant avec lui l'algue, qui y reste attachée. Presque toutes les hydrophytes sont recouvertes d'un enduit glutineux au moyen duquel elles adhèrent naturellement au papier ; cependant, il vaut mieux les placer entre des feuilles de papier buvard, qu'il faut renouveler jusqu'à ce que la plante soit bien sèche.

— Il me tarde de me mettre à l'œuvre, dit Émilie, qui avait recueilli une foule de jolies floridées. Mais la mer remonte rapidement; déjà elle a presque recouvert la zone des algues rouges; cédons-lui la place.

Nous remontâmes vers la limite des hautes eaux, où nous recueillîmes encore quelques algues vertes; puis, chargés de notre butin, nous regagnâmes la villa.

Le soir de ce jour-là était si beau, si engageant, que nous ne pûmes résister au désir de voir l'aspect de la mer pendant la nuit; nous nous rendîmes donc sur les falaises vers les huit heures du soir, et nous en fûmes largement récompensés par la vue du plus merveilleux spectacle que puisse offrir la mer. Aussi loin que pouvait s'étendre la vue, la surface de la mer étincelait et brillait comme une étoffe tissée d'or et d'argent; l'Océan paraissait embrasé. Les vagues lumineuses s'élevaient et roulaient comme un torrent de feu, et, déferlant sur la grève, la couvraient d'une écume étincelante. Une barque traçait son sillage en traînées de feu comparables à la queue d'une comète qui voyage dans l'espace, et chaque coup de rame faisait jaillir des gerbes d'étincelles.

— Mon Dieu, que cela est beau! dit Mme de Senneville; mais à quelle cause attribue-t-on ce phénomène merveilleux?

— Les opinions des savants sont très variées à ce sujet, répondit le docteur ; mais l'une des principales causes de la phosphorescence de la mer est l'apparition subite, à certaines époques, de myriades de petits êtres lumineux à peine gros comme une graine de pavot, et auxquels les naturalistes donnent le nom de *noctiluques*. Cette faculté de produire la lumière, que l'on rencontre chez quelques insectes, tels que le lampyre ou ver luisant, est d'ailleurs assez répandue

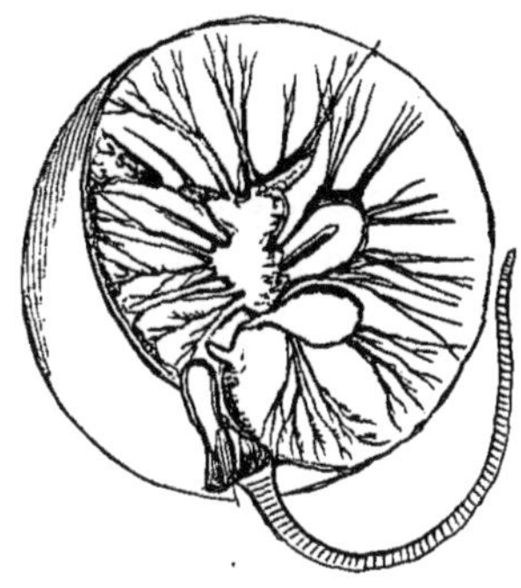

Noctiluque très grossie.

chez les animaux marins ; et vous avez pu remarquer que la chair des poissons dégage, en se corrompant, beaucoup de matière phosphorique qui la fait briller d'une douce lumière dans l'obscurité.

VIII

Le jour suivant, en allant faire notre excursion matinale, le docteur et moi nous apprîmes par des pêcheurs qu'il devait y avoir dans l'après-midi une grande vente de poissons, pris la veille par un patron de barque qui avait fait une sorte de pêche miraculeuse. Jamais, disaient-ils, on n'avait vu rapporter d'aussi beaux poissons et en aussi grande quantité.

Nous nous promîmes bien de ne pas négliger une occasion si favorable, et, en rentrant au logis, nous fîmes part de l'événement aux dames en leur proposant d'assister à la vente, ce qu'elles acceptèrent aussitôt.

Ce fût le sujet de la conversation pendant le déjeuner, et le docteur, qui ne se faisait jamais prier lorsqu'il s'agissait de sa science favorite, nous donna des détails intéressants sur l'organisation des poissons.

— Bien que les poissons forment la portion la plus considérable et la plus importante de la population des mers, nous dit-il, il n'en est qu'un fort petit nombre d'espèces que le naturaliste puisse observer. Ce n'est qu'en les élevant dans des viviers ou en recueillant ce que les pêcheurs ont remarqué dans leurs expéditions, que l'on a appris le peu que l'on sait des mœurs de ces animaux. La pêche ne nous fournit guère que les poissons qui vivent près des côtes ou à la surface des mers; tout le reste nous échappe, et il est peut-être un très grand nombre d'espèces qui demeurent cachées dans les gouffres de l'Océan.

Les poissons sont conformés pour vivre dans l'eau, comme les oiseaux le sont pour vivre dans l'air. Leur corps élancé, en forme de coin, recouvert d'une peau lisse et glissante et muni de nageoires mues par des muscles puissants, leur permet de fendre l'eau presque sans résistance. Leur colonne vertébrale, à la fois solide et flexible, donne une grande souplesse à leurs mouvements. La plupart des poissons sont, en outre, pourvus d'une vessie natatoire remplie de gaz, que l'animal peut dilater ou comprimer à volonté au moyen du jeu des côtes et de certains muscles. S'il dilate cette vessie, il devient plus volumineux ou spécifiquement plus léger que l'eau, et remonte à sa surface, tandis qu'il descend dans les profondeurs en la comprimant, ce qui lui donne une densité supérieure à celle de l'eau.

L'eau est le véritable élément du mouvement; ses habitants n'ont ni trêve ni loisir. Aucun animal n'est aussi mobile que le poisson. Tantôt isolément, tantôt par bandes innombrables, les poissons errent continuellement; ils parcourent en tous sens les eaux, comme les oiseaux les airs; on les voit bondir, avancer, reculer, monter, descendre, se tourner en

tous sens à leur gré, et leur agilité est si grande,
qu'elle a passé en proverbe. Quelque rapide que soit
le vol des oiseaux, la nage de plusieurs poissons ne
leur cède pas en vitesse; on voit des requins suivre
pendant plusieurs semaines des navires fins voiliers,
les devancer en se jouant et sans efforts; le vol de
l'aigle n'est pas plus rapide que la nage du thon; les
saumons peuvent parcourir cent cinquante lieues en
vingt-quatre heures, et franchir, en s'élançant hors
de l'eau, des obstacles de plusieurs mètres d'élé-
vation.

Malgré leur vigueur, leur agilité et leur puissante
vitalité, les poissons ne sont pas favorisés de la nature, si on les compare aux autres vertébrés, habitants de la terre et des airs, aux mammifères et aux
oiseaux. En effet, l'organisation du poisson est très
restreinte, ne respirant que par l'intermédiaire de
l'eau, c'est-à-dire ne pouvant profiter, pour revivifier
son sang dans l'appareil respiratoire, que de la petite
quantité d'oxygène contenue dans l'air dont l'eau
est imprégnée, son sang est resté froid. De là, cette
sensibilité engourdie, ces organes sensitifs en partie
atrophiés; de là ce petit cerveau, ces nerfs moins
destinés à la sensibilité qu'à faire contracter et mouvoir les muscles de son corps. Les poissons sont,
en réalité, de tous les animaux vertébrés, ceux qui
donnent le moins de signes de sensibilité : un requin
auquel un harpon arrache un lambeau de chair en
paraît à peine affecté et n'en poursuit pas sa proie
avec moins d'ardeur; une anguille, une carpe cou-

pées par tronçons se contractent et palpitent longtemps encore, tandis que la moindre de ces blessures ferait périr sur-le-champ un quadrupède, un
oiseau; c'est que leur sensibilité froide et lente
s'écoule, s'épuise faiblement et presque sans douleur.
Il semble que la nature n'ait pas voulu que des animaux si exposés à la destruction en sentissent trop
douloureusement les atteintes.

Le poisson, réduit à un très petit nombre de sensations et de besoins, tels que ceux de la nourriture
et de la reproduction, n'a de facultés que pour remplir ces fonctions purement matérielles. On ne trouve
chez lui aucune trace d'intelligence, et sa physiono-
mie même est empreinte du sceau de la stupidité.
Les yeux, ces miroirs de l'âme, qui chez l'homme
reflètent la pensée et le sentiment, les yeux sont
éteints chez le poisson, et ceux de la carpe sont pas-
sés en proverbe pour désigner un regard hébété.
La vue doit être cependant le sens le plus parfait
chez les poissons : nageant la plupart avec rapidité,
il leur est nécessaire de jouir d'une vue assez étendue ; car une vue courte les obligerait à nager lentement et avec précaution, de crainte de se briser
contre les rochers ou de ne pouvoir éviter la dent
meurtrière de leurs ennemis. Mais les autres sens
existent à peine chez eux. Toujours cuirassés ou
emprisonnés dans une peau écailleuse, ils ne peuvent guère avoir la sensibilité du tact; ne pouvant
se nourrir qu'en poursuivant à la nage une proie qui
nage elle-même plus ou moins vite, n'ayant d'autres

moyens pour s'en emparer que de l'engloutir, un sentiment délicat des saveurs leur aurait été inutile; leur langue immobile, osseuse, ou hérissée de dents, presque dépourvue de nerfs, ne peut servir à la sensation du goût. L'organe de l'ouïe doit être bien plus imparfait encore; l'oreille, toute logée dans le crâne, sans issue extérieure, n'a rien de commun avec ce qu'on nomme *les ouïes* ou *les branchies*, organes de la respiration. Muets et condamnés à vivre dans l'empire du silence, ce sens leur était presque inutile. Leur odorat ne peut être exercé comme chez les animaux qui, respirant l'air, ont sans cesse les narines affectées par les effluves des corps; ce sens existe cependant chez eux, puisque les pêcheurs les attirent au moyen de diverses substances odorantes.

Sous une apparence trompeuse de paix et de repos, l'empire des eaux est un vaste champ de bataille, plein d'agitation et de combats. Dans ces profondeurs inconnues errent les bêtes fauves du monde aquatique, qui poursuivent leurs victimes dans l'abîme. Les habitants des mers ne peuvent vivre que par la destruction; c'est le sort du plus faible de devenir la proie du plus fort. Là, tous les êtres chassent perpétuellement, tuent ou sont tués. Et cette œuvre de destruction s'achève en silence; nul cri de guerre ne se fait entendre, nul accent d'angoisse ne trouble l'éternel silence. Les combats s'engagent et se terminent dans un profond mystère. Parfois seulement on devine une de ces terribles luttes au sang dont se teignent les eaux, ou l'on trouve dans les filets des pêcheurs quelques-uns de ces vétérans portant des traces d'horribles blessures.

Aussitôt après déjeuner, nous nous rendîmes sur le lieu de la vente. C'était un hangar situé sur la place et qu'un aveugle eût découvert rien qu'à l'odorat. Il y avait déjà là de nombreux chalands, et les plus belles pièces étaient étalées sur les tables. Nous en fîmes le tour, et le docteur nous désignait les

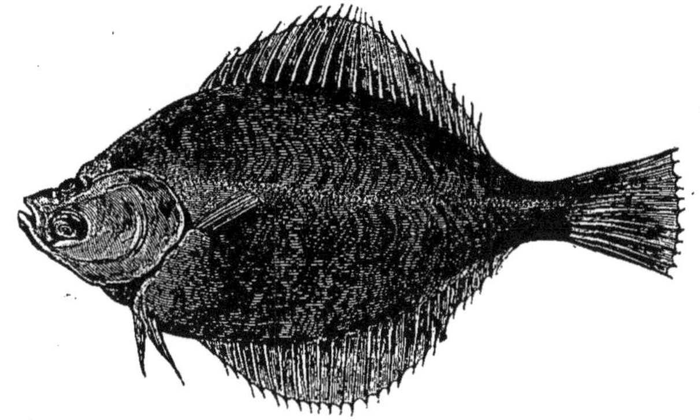

Limande.

espèces en nous donnant des détails sur leur histoire.

— Voici, nous dit-il, des poissons plats ou pleuronectes : carrelets, soles, limandes, turbots, barbues ; tous remarquables par leur singulière organisation. Voyez : leur tête, écrasée obliquement, présente les deux yeux du même côté et la bouche est tordue. Leur corps, ovale et aplati, est frangé tout autour de nageoires. Ils nagent toujours sur le même côté, qui reste blanc, tandis que celui qu'ils présentent à la lumière est plus ou moins coloré. Cette conformation étrange les fait non moins remarquer que l'excellence de leur chair. Depuis l'antiquité, les poissons plats figurent en effet parmi les mets les plus délicats que fournit la mer. Je ne sais quel Grec gourmand disait qu'il voudrait avoir le gosier aussi long que celui de la cigogne, afin de pouvoir savourer dans un plus long trajet cette chair digne des dieux. Et vous savez que l'empereur Domitien fit assembler le sénat de Rome pour décider à quelle sauce devait être accommodé un monstrueux turbot dont on lui avait fait présent.

— Oui, dis-je ; Berchoux l'a mis en vers :

> Le Sénat discuta cette affaire importante,
> Et le turbot fut mis à la sauce piquante.

— Voici un bar, continua le docteur ; ce beau poisson ressemble à une grande perche de 2 pieds de long, avec des écailles d'acier marquées d'un point d'argent. Ses habitudes voraces lui ont fait donner le nom de *loup de mer*. Il est très répandu dans la Méditerranée, mais assez rare dans nos parages. A côté est le mulle-rouget, aussi remarquable par la beauté de sa couleur pourpre que renommé pour l'excellence de sa chair. Les Romains avaient une telle estime pour ce poisson, qu'ils le payaient des prix fabuleux lorsqu'il dépassait les proportions ordinaires. Sénèque parle d'un mulle du poids de 5 livres, qui fut vendu 5 000 sesterces, c'est-à-dire environ 1 000 francs de notre monnaie ; il est

vrai que deux célèbres gourmands se le disputaient,
Apicius et Octavius. Le mulle ne se pêche qu'acci-
dentellement dans la Manche ; mais beaucoup plus

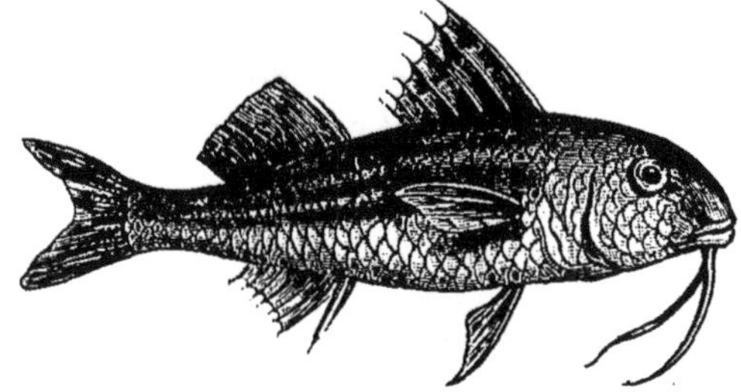

Mulle-rouget.

communément dans la Méditerranée. Il ne faut pas
confondre le mulle-rouget avec le poisson auquel on
donne vulgairement le nom de *rouget* sur nos mar-

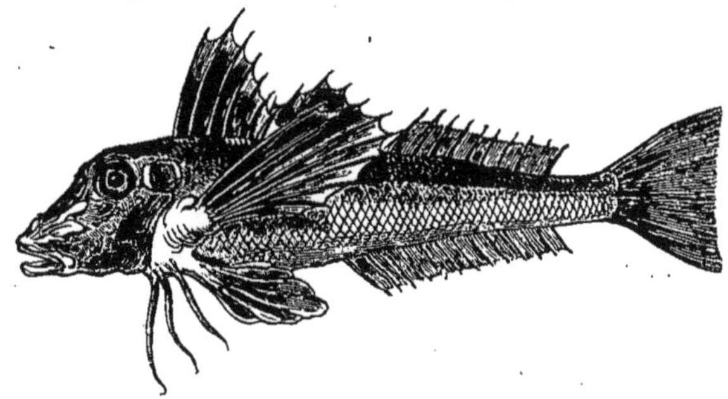

Trigle.

chés ; ce dernier est le trigle, bien reconnaissable
à sa tête anguleuse, cuirassée, à ses petites écailles
arrondies, et aux trois longues épines placées au-
devant de la nageoire pectorale. La chair du trigle

est fort médiocre et hors de toute comparaison avec celle du mulle.

— Oh! voyez donc celui-ci, dit Émilie; il ressemble à une pleine lune à laquelle on aurait ajouté un museau et une queue.

— C'est la dorée, reprit le docteur, excellent poisson. Les matelots le nomment *poisson de Saint-Pierre*,

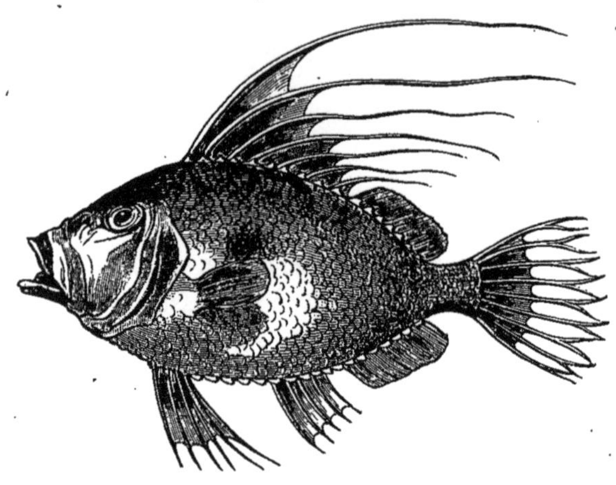

Dorée.

d'après la légende qui veut que ce soit un poisson de cette espèce que l'apôtre tira de la mer par ordre de Jésus-Christ, et dans la bouche duquel il trouva un denier pour payer le tribut, comme le rapporte saint Matthieu. Sur son corps, d'un beau jaune vif, vous voyez une tache noire de chaque côté; c'est l'empreinte des doigts du saint, demeurée à tout jamais sur l'espèce entière.

Puis, c'étaient des raies, des merlans, des maquereaux, des lieus, des brèmes de mer et autres, qui se pêchent habituellement sur nos côtes. La vente suivait son cours et les enchères se succédaient rapidement, lorsqu'on mit sur la table un gros poisson de plus de 1 mètre de long, ressemblant assez à un très grand bar, coloré d'un gris argenté, brun sur le dos, avec les nageoires rouges. Le pêcheur lui donnait le nom d'*aigle de mer*. C'était un maigre, nous dit le docteur, poisson assez rare dans les mers du Nord, mais mieux connu dans les ports du Midi, où il est

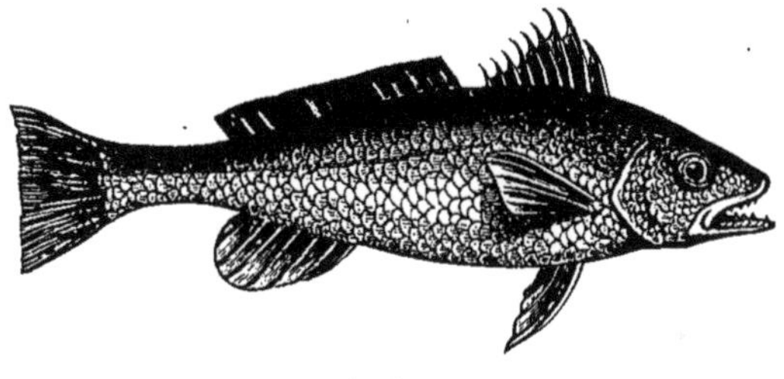

Maigre.

fort estimé. C'est un des poissons les plus recherchés en Italie, et la tête surtout passe pour un mets de prince.

Nous vîmes, à propos de ce poisson, se renouveler devant nous la fameuse dispute d'Apicius et d'Octavius. L'un était représenté par un gros Anglais joufflu et rose comme un jambon d'York ; l'autre, par un Français long et maigre, que j'appris être le maître d'office du grand hôtel de Fécamp. Les deux adversaires se le disputèrent chaudement ; mais la prodigalité ne fut pas poussée

aussi loin : le grand maître d'hôtel lâcha pied à
80 francs, et le gros Anglais, heureux vainqueur, fît
porter chez lui la pièce rare, léchant d'avance ses
grosses lèvres, sur le corail brillant desquelles tran-
chait la blancheur de ses longues dents.

La vente était terminée, et comme il nous restait
plusieurs heures devant nous, le docteur nous proposa une promenade sur la grève, pour y explorer
les flaques d'eau où nous pourrions découvrir quelques poissons de rivage, dont certains, nous dit-il,
étaient fort curieux.

IX

LES POISSONS DE RIVAGE.

Nous acceptâmes avec empressement, et il nous conduisit sur la plage, où de grosses roches étaient entassées au pied de la falaise. Plusieurs de ces roches, creusées par le temps et par les eaux, formaient des bassins naturels que la mer, en se retirant, avait laissés remplis d'eau. Les bords en étaient souvent couronnés d'épaisses touffes de fucus, qui abritaient contre les rayons brûlants du soleil ccs mers en miniature. Aussi la plupart étaient-elles richement peuplées. Des mollusques à la coquille brillante broutaient les mousses marines qui en tapissaient le fond, des actinies de toutes couleurs épanouissaient leurs tentacules bariolés comme des fleurs vivantes ; des poissons aux écailles d'argent et des crevettes transparentes, effrayés à notre approche, filaient comme des traits et se réfugiaient sous les larges frondes des fucus entremêlés de touffes de corallines roses. C'était un spectacle merveilleux que ce monde aux formes variées et aux brillantes couleurs.

— Nous avons porté le trouble dans le sanctuaire, reprit le docteur, qui s'était armé d'un filet à main, fait d'un canevas fin, au moyen duquel on peut re-

cueillir les plus petits objets ; mais quelques minutes
de patience et d'immobilité feront tout rentrer dans
l'ordre et nous pourrons alors en étudier les habitants.

Et me tendant un bocal qu'il venait de tirer de sa
gibecière.

— Remplissez ce flacon d'eau de mer, aussi claire
que possible, dit-il ; nous y déposerons les animaux
que nous pourrons capturer, afin de les examiner à
l'aise.

Au bout de quelques instants, le calme était rétabli,
et le docteur eut bientôt pris dans son filet plusieurs
animaux, parmi lesquels se trouvait un poisson de
10 à 12 centimètres de longueur. Introduit dans le
bocal, il s'y démena d'abord comme un beau diable ;
mais il prit bientôt une allure plus calme, qui nous
permit de l'examiner à loisir.

— C'est là, nous dit le docteur, un des poissons
les plus communément répandus dans ces mares :
c'est la blennie. Comme vous voyez, son corps est
allongé et sa tête obtuse présente un profil très rac-
courci. Sa peau molle, sans écailles apparentes, rayée
transversalement, est toujours enduite d'une mucosité abondante, qui lui a valu sur nos côtes le nom de
baveuse, que rend son nom scientifique *blennius*, tiré
du grec. Sa couleur est très variable, et l'on en voit
depuis le vert clair varié de jaune et pointillé de brun
jusqu'au vert olive varié de noir ; mais ce que l'on
retrouve dans tous, ce sont de grands yeux brillants
entourés d'un anneau d'un beau rouge cramoisi. Ce

petit poisson est très vif, très robuste, et tellement
vivace qu'il peut rester plusieurs heures hors de
l'eau. Une autre espèce de blennie, que je ne vois
pas ici, est du double plus grande, de couleur rous-
sâtre, plus brune sur le dos et bien reconnaissable à
une rangée de taches ocellées à centre noir entouré
d'un cercle blanc, qu'elle porte le long du dos. Les
habitants des côtes ne mangent pas les blennies,
peut-être à cause de leur aspect visqueux ; mais les
oiseaux de mer, beaucoup moins délicats, en font

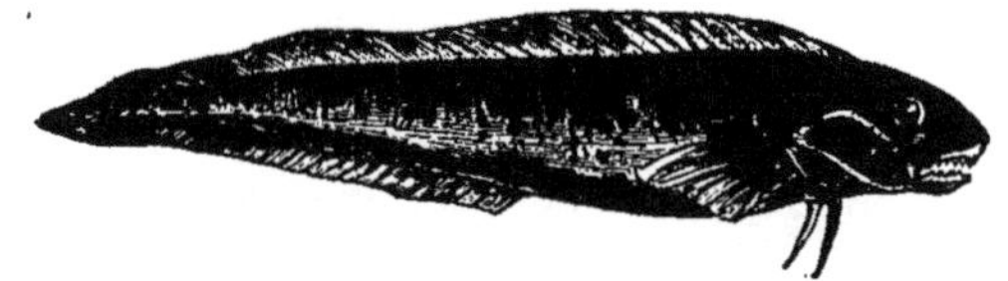

Blennie.

une grande consommation. Mais jetons de nouveau
notre filet.

Oh ! cette fois nous voilà riches ; au milieu d'une
demi-douzaine de crevettes et de crangons, voilà
deux, trois poissons. Transvasons ces derniers dans
le bocal et rejetons le fretin.

Celui-ci, dont le corps, à peine long de 5 à 6 centimètres, est teinté de roux, maillé de noir, avec deux
taches rondes noires, est le gobie à deux taches,
ainsi nommé pour le distinguer d'une autre espèce
de gobie qui ne porte qu'une seule tache. Ce sont des
poissons très vifs ; ils se cachent sous quelque grosse
coquille ou dans quelque touffe d'herbes marines, et
de là guettent les animaux qui passent à leur portée,

s'élançant comme un trait sur leur proie et l'emportant dans leur repaire ; ce sont surtout les crevettes qui font les frais de leurs repas.

— Oh ! voyez donc la singulière chose, dit Émilie, qui regardait le bocal ; un de ces poissons, celui justement dont vous parlez, vient de se fixer tout à coup au verre par le ventre et y reste collé.

— Oui, répondit le docteur, j'allais vous signaler ce fait très curieux qui dépend de la conformation de leurs nageoires ventrales. Celles-ci, au lieu d'être

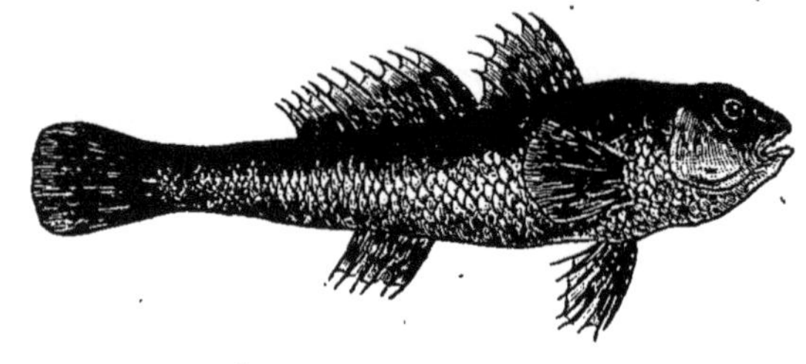

Gobie.

séparées, comme dans les autres poissons, sont réunies en un seul disque creux en forme d'entonnoir, et l'animal peut s'en servir, comme d'une ventouse, pour s'attacher aux parois des rochers au milieu desquels il vit.

Cet autre, plus grand, d'un brun olivâtre, varié de bandes plus claires, avec les nageoires dorsales bordées d'un liséré blanc, est proche parent des gobies : c'est le boulereau ou goujon de mer. Si l'on en croit le naturaliste Olivi, qui a étudié les mœurs de ce poisson dans les lagunes de Venise, ce serait le modèle

des époux et des pères ;. vertus d'autant plus remarquables qu'elles sont bien rares chez les poissons.
Lorsque le moment de la ponte est proche, le boulereau va chercher des brins de fucus et d'herbes marines, qu'il réunit et foule avec son corps et son
museau de manière à en former une espèce de nid.
Lorsque son travail est terminé, il y amène sa compagne et se charge seul de soigner les œufs qu'elle y
dépose. Quand les petits sont éclos, il les guide à
travers les eaux, les défend avec énergie et ne les
abandonne que lorsqu'ils sont devenus assez forts
pour suffire aux besoins de leur propre conservation.
C'est sans doute du boulereau qu'a voulu parler
Aristote sous le nom de *phycis,* le seul des poissons,
dit-il, qui se construise un nid. Seulement, Aristote
se trompait en ceci, qu'il n'est pas le seul qui construise un nid ; car l'épinoche de nos rivières déploie
la même industrie.

Cet autre petit poisson, dont les mouvements sou-
ples et agiles font étinceler au soleil ses écailles d'argent, est l'athérine, ou argentine. Vous le voyez,
c'est un joli poisson, au corps allongé et rappelant
celui de nos ablettes ; il est verdâtre en dessus, blanc
en dessous, et il porte le long de ses flancs une large
bande d'argent. C'est à cette broderie d'argent qu'il
doit son nom *d'argentine*, et encore celui de *prêtre*,
en souvenir de l'étole. Les athérines ont une chair
très délicate et l'on en fait d'excellentes fritures. On
les rencontre, au printemps, le long des côtes et aux
embouchures des rivières, rassemblées en troupes

considérables. Dans certaines rivières du nord de la
Bretagne, les athérines remontent en quantité si prodigieuse pendant les mois de mars et d'avril, qu'elles
sont une véritable manne pour le pays dans ce temps
de carême. Toute la population s'occupe de cette
pêche, les hommes avec des filets, les femmes et les
enfants avec des seaux ou des paniers. Malheureusement, ce poisson meurt aussitôt qu'on le retire de
l'eau et se corrompt très vite.

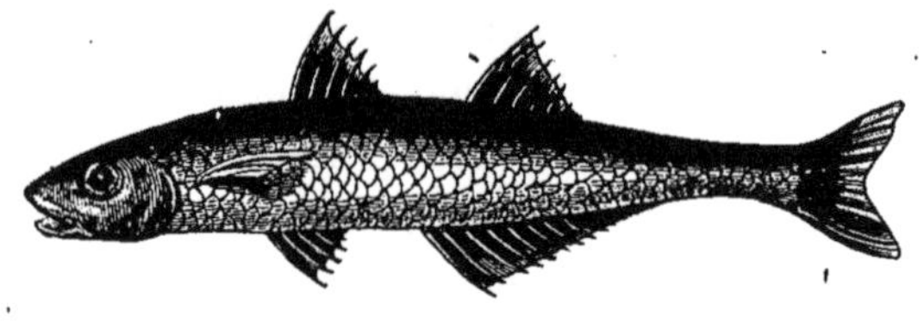

Athérine.

A ce moment, Émilie, qui venait de soulever une
grosse touffe de fucus, la laissa retomber en poussant un cri aigu et en manifestant par son attitude
une sorte d'horreur craintive.

— Qu'y a-t-il donc, ma cousine? lui demandai-je
en courant auprès d'elle.

— Là, là, me répondit-elle en désignant du doigt
une grosse roche excavée au-dessous, et devant laquelle pendait, comme un rideau, une énorme touffe
de fucus. Il y a là une horrible bête.

Bravement, je m'avançai, et, relevant la masse de
varechs du rocher, je mis à découvert un singulier
animal. Il pouvait avoir 25 ou 30 centimètres de longueur; mais son énorme tête en occupait bien le tiers;

cette tête, disproportionnée, était hérissée de tuber-
cules et d'aiguillons, et portait vers le sommet deux
gros yeux flamboyants; sa gueule, fendue jusqu'au
delà des yeux, montrait deux rangées de longues
dents aiguës, et tout cela lui donnait, en réalité, un
air diabolique. Ajoutez que son corps, diminuant rapidement de grosseur jusqu'à la queue, était recouvert d'une peau molle et visqueuse, toute hérissée de
verrues, comme celle du crapaud. C'était vraiment un
être hideux et repoussant.

Mme de Senneville et le docteur s'étaient approchés,
et lorsque ce dernier fit mine de saisir le poisson,
celui-ci gonfla la membrane qui recouvre ses ouïes,
augmentant encore ainsi le volume de son énorme
tête, dressa ses aiguillons, agita ses nageoires et fit
entendre un bruit sourd et menaçant qui ressemblait
assez au grognement d'un chien.

Sans s'effrayer de ces démonstrations menaçantes,
le docteur glissa sous l'animal son filet à main et
l'enleva adroitement pour le porter dans le petit bassin
rocheux, où nous pûmes l'observer tout à notre aise.

— Dieu ! l'horrible bête ! s'écria Émilie ; lorsque
je l'ai vue, tout à coup, en soulevant ce paquet de fucus, elle m'a produit le même effet qu'un diable sortant d'une boîte.

— Mais quel est le nom de ce poisson, docteur?
demanda Mme de Senneville. Je ne l'avais jamais vu
jusqu'à ce jour.

— Ce poisson est, pour les naturalistes, le chabot de
mer ; mais les pêcheurs lui ont prodigué une foule

de noms injurieux ; ils l'appellent *diable cornu, crapaud de mer, scorpion de mer*, etc. Ils ne le touchent
d'ailleurs jamais ; car, outre qu'ils redoutent beaucoup la piqûre de ses aiguillons, qu'ils regardent
comme venimeux, sa chair est immangeable. C'est,
du reste, un animal vorace et solitaire, qui attaque
et déchire tout être plus faible que lui, et, pour surprendre sa proie, il se cache sous les touffes de fucus,

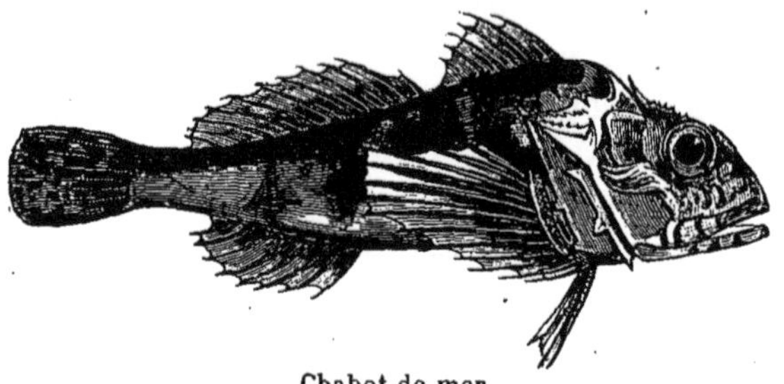

Chabot de mer.

d'où il s'élance comme un trait sur les blennies, les
gobies et autres petits poissons qui frétillent à sa
portée.

A quelques pas de nous était un vieux pêcheur qui,
à l'aide d'un levier, faisait de vains efforts pour soulever une roche assez grosse. Plusieurs fois déjà, la
roche, un instant soulevée, était retombée en place,
et il semblait qu'il n'en pourrait venir à bout tout
seul. Alors m'approchant de lui :

— Eh! l'ami, lui dis-je, voulez-vous un coup de
main ? Mais que comptez-vous trouver là-dessous ?

— Volontiers, monsieur, me dit-il.

Et il me montra, sortant de dessous la roche, sur

un côté excavé, un tout petit bout de queue frangée
d'une nageoire arrondie.

Saisissant alors le levier à deux mains et joignant
mes efforts aux siens, nous soulevâmes la roche et, la
renversant complètement, nous laissâmes à découvert une énorme anguille de mer. Ce poisson, en-
roulé sur lui-même comme un serpent, dont il avait
la forme, fixait sur nous ses grands yeux sanglants

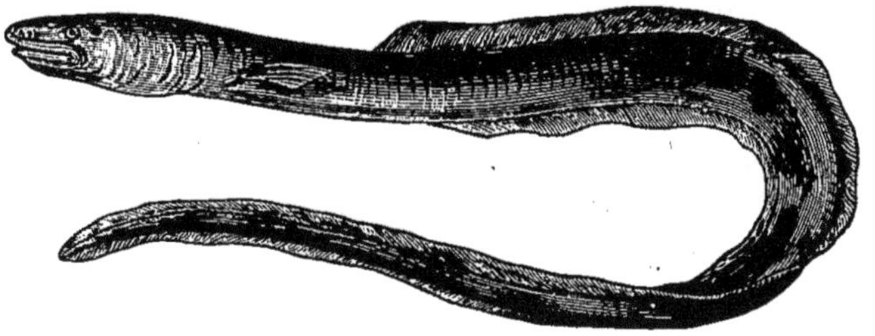

Congre.

et immobiles. Il avait bien un mètre et demi de long
et était gros comme le bras. Le pêcheur lui asséna
sur la tête deux ou trois coups de sa barre ; l'animal
se déroula, s'agita convulsivement, puis se raidit et
ne bougea plus : il était mort.

— Le vrai nom de ce poisson est *le congre*, poursuivit le docteur ; mais il est plus connu sous son
nom vulgaire d'*anguille de mer*. Il ne diffère guère,
en effet, de notre anguille d'eau douce que par sa
nageoire dorsale, qui se continue jusqu'au cou ; par
sa mâchoire supérieure plus longue que l'inférieure,
et par sa taille beaucoup plus forte. Le congre est un
animal très vorace, qui attaque sa proie en l'enlaçant

dans les replis de son corps, comme font les serpents. On en a vu des individus atteindre jusqu'à 3 et 4 mètres de longueur, et lorsque les pêcheurs ont affaire à quelque individu de cette taille, ils ne l'attaquent qu'avec circonspection. La chair du congre est, de nos jours, peu estimée ; mais il n'en a pas toujours été ainsi, car on voit, dans une ancienne charte du treizième siècle, que les baillis du comté de Bristol étaient spécialement chargés d'en approvisionner la table royale.

Le pêcheur emporta son poisson en nous remerciant, et nous reprîmes le chemin de la maison.

— J'avais toujours cru, dit Mme de Senneville au docteur, que les poissons ne pouvaient vivre hors de l'eau, et cependant, en voilà plusieurs, la blennie, le chabot, le congre, que l'on trouve à sec et vivant ainsi pendant tout le temps qui s'écoule entre ces deux marées ; tandis que d'autres, tels que l'athérine, à ce que vous nous avez dit, et la sardine, que j'ai vu pêcher, meurent dès qu'on les retire de l'eau. D'où vient cette différence, je vous prie ?

— Quelques mots sur le mécanisme de la respiration chez ces animaux, madame, vous en feront facilement comprendre la raison, répondit le docteur. Les branchies, organes respiratoires des poissons, ne sont pas de vrais poumons ; mais elles en tiennent lieu. Elles sont placées des deux côtés du cou et recouvertes par les opercules, sortes de lames ou de volets qui s'élèvent et s'abaissent alternativement. Au-dessous des opercules est une fine membrane qui se

ploie et se déploie comme un éventail. Sous cette
membrane est une chambre qui communique avec la
bouche et qui renferme les branchies. Celles-ci sont
courbées en arcs de cercle, à la manière des côtes, et
sur leur partie convexe règne un sillon dans lequel
rampe une branche de l'artère qui, se divisant et se
subdivisant à l'infini, forme une espèce de frange ;
c'est cette frange rouge que les marchandes de poissons arrachent par l'ouverture des ouïes et qu'elles
jettent. Les fils innombrables de cette frange sont
donc autant d'artérioles, et le sang apporté du cœur
se répand dans ces artérioles. Lorsqu'on observe un
poisson dans l'eau, on le voit alternativement ouvrir
la bouche et les ouïes : en effet, le poisson, pour respirer, avale l'eau par la bouche ; l'eau, arrivée dans
la gorge, passe au travers des fentes que laissent entre
eux les arcs branchiaux et arrive ainsi sur les branchies, qu'elle baigne ; l'eau cède au sang, au travers
des parois vasculaires, une partie de l'air qu'elle renferme, et s'échappe ensuite par les ouvertures des
ouïes. Les poissons respirent donc l'air qui est dissous dans l'eau. Cette respiration, trois fois plus lente
que celle de l'homme, fournit peu d'air à leur sang,
qui reste noirâtre, épais et froid. Tant que le poisson
est plongé dans l'eau, les nombreux rameaux de la
branchie s'étalent et flottent, en quelque sorte, dans
l'eau qui les baigne ; mais quand on les tire hors de
l'eau, ces rameaux s'affaissent sur eux-mêmes, se
dessèchent au contact de l'air sec, le sang n'y peut
plus circuler, et le poisson, ne respirant plus, meurt

asphyxié. Et cet effet est d'autant plus prompt que les ouïes sont plus largement fendues et plus à découvert, comme chez les harengs, les sardines, les athérines, etc. C'est, au contraire, à l'ampleur de la cavité branchiale et à la possibilité de sa complète occlusion, qui lui permet de conserver plus longtemps l'humidité nécessaire aux branchies, qu'on doit attribuer la résistance des gobies, des chabots, des congres, des anguilles.

— Oh! docteur, à propos des anguilles, dis-je, j'ai vu un moissonneur couper en deux un de ces animaux, en fauchant son pré situé à plus d'un kilomètre de la rivière. Ce fait m'a bien étonné.

— On sait, dit le docteur, que l'anguille sort de l'eau la nuit, rampe à travers les prairies et s'avance, en effet, souvent très loin de son élément naturel, à la recherche des limaçons, des vers et de certaines herbes aromatiques, dont elle est très friande. Lorsque le jour la surprend avant qu'elle ait pu regagner l'eau, elle s'enroule et se blottit sous quelque touffe d'herbe et y attend la nuit. Ce n'est point là, du reste, la seule particularité qu'offre l'histoire de l'anguille ; cet animal peut être regardé comme un poisson d'eau douce, bien qu'il prenne naissance dans la mer, car il passe dans les rivières et les étangs la majeure partie de son existence. L'anguille se rend à la mer pour y déposer son frai, et c'est dans l'eau salée que les jeunes prennent leur premier développement. Lorsqu'ils ont acquis quelque force et une taille de 10 à 15 centimètres, ils remontent les fleuves en bandes

serrées, auxquelles on donne le nom de *montée;*
mais ce qu'il y a de plus curieux, c'est qu'on ne sait
pas ce que deviennent les petites anguilles pendant
la seconde période de leur développement ; car toutes
celles qu'on prend dans nos eaux douces n'ont jamais moins de 30 à 40 centimètres de longueur.

X

LES REQUINS.

En approchant du port, nous vîmes sur la grève plusieurs têtes de gros poissons détachées du tronc ; des centaines de petits crustacés s'acharnaient sur cette proie facile. Le docteur retourna du pied l'une de ces têtes, et tout ce peuple de croque-morts s'éparpilla en un instant et disparut comme par enchantement ; mais ils n'étaient pas loin, et ils attendaient, blottis sous les pierres, qu'on leur abandonnât de nouveau leur proie. Ces têtes de poisson, larges du haut, s'amincissaient en pointe vers le museau, et la gueule, largement fendue, n'était pas située au bout de ce museau, mais tout à fait en dessous. En ouvrant cette gueule, on y voyait quatre rangées de dents à trois pointes, aiguës et tranchantes, qui, malgré vous, vous faisaient retirer les doigts.

— Ces têtes si bien endentées, nous dit le docteur, ont appartenu à des roussettes ; ce sont des poissons du genre des requins, et malheureusement fort communs dans la Manche. Les pêcheurs les ont en grande haine, non seulement parce qu'ils détruisent une énorme quantité de poissons, mais aussi parce qu'ils coupent et déchirent leurs filets. Lorsqu'ils en prennent quelqu'un, ils lui ouvrent le ventre et lui coupent la tête ; ils ne le capturent cependant pas dans le seul but d'assouvir leur vengeance, mais ils salent sa chair et la mangent sous le nom de *chien de mer*. Ce méchant poisson atteint $1^m,20$ à $1^m,50$ de longueur ; sa peau rugueuse est rousse, d'où son nom de *roussette,* et parsemée de petites taches noires, qui prennent la forme d'étoiles sur le dos. Les gainiers emploient cette peau, beaucoup moins rude que celle du requin, pour garnir des étuis de toutes sortes ; peinte en vert, elle constitue le galluchat.

— Mais les roussettes , avec leurs quatre rangées de dents, dit Mme de Senneville, sont-elles aussi dangereuses que les requins ?

— Pas tout à fait, fort heureusement, répondit le docteur ; ce sont des poissons féroces et voraces, comme les requins, mais l'ouverture de leur gueule ne leur permet pas de saisir le corps d'un nageur ou l'un de ses membres ; ils n'osent pas attaquer une aussi grosse proie ; cependant, il ne faudrait pas leur présenter le doigt ou la main lorsqu'on vient de les capturer. La roussette est au requin ce que le chat est au tigre. Le chat n'attrape que des souris, le

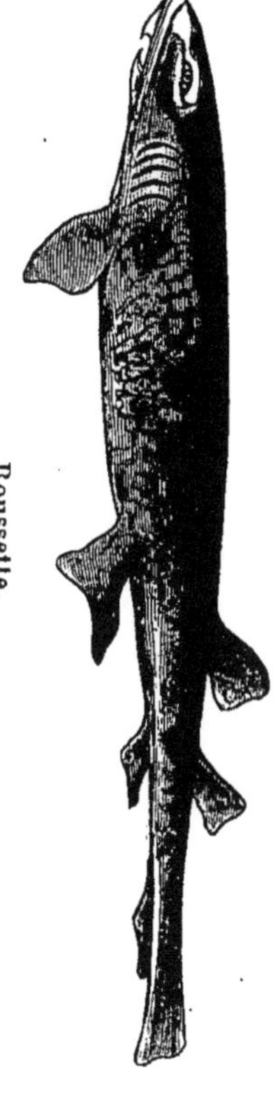

tigre prend des hommes. Les vrais requins ont de
6 à 8 mètres de longueur, et souvent plus ; leur
énorme gueule, fendue en dessous comme celle des

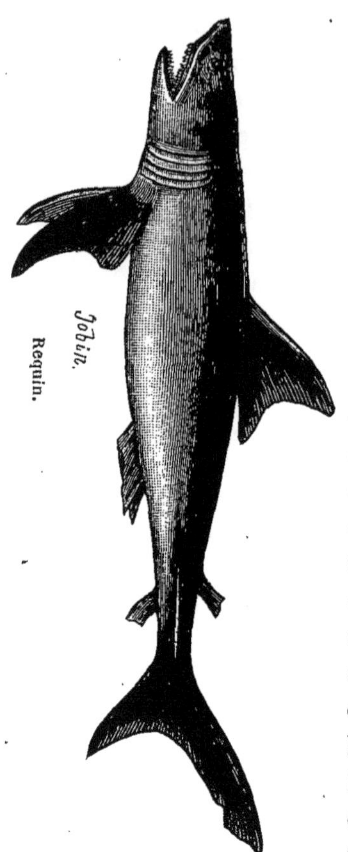

roussettes, est garnie
de plusieurs rangées
de dents triangulaires
et tranchantes, qui les
rendent la terreur des
mers, et la dureté ex-
cessive de leur peau
contribue à augmenter
leur hardiesse et leur
voracité, en les garan-
tissant des morsures
des puissants animaux
que souvent ils atta-
quent. Leur museau
est allongé et forme
comme un grand nez
au-dessus de la bou-
che, ce qui les oblige à
se retourner sur le dos
ou sur le côté pour
happer leur proie.
Leurs yeux sont petits
et ronds ; leur queue,
très longue, affecte la
forme d'une fourche dont la dent inférieure serait
beaucoup plus courte. Cette queue, douée d'une force
prodigieuse, est le principal organe de la natation ;

leurs nageoires pectorales sont grandes, fermes et cartilagineuses ; la dorsale s'élève sur le dos en forme de voile latine, et les dénonce souvent lorsqu'ils nagent entre deux eaux.

Féroce autant que vorace, avide de sang et insatiable de proies, le requin est véritablement le tigre de la mer. Recherchant sans crainte tout ennemi, poursuivant avec plus d'obstination, attaquant avec plus d'acharnement que les autres habitants des eaux, sa voracité est telle, que le tumulte d'un combat naval ne l'empêche pas d'attendre à la surface des flots ceux que le sort y précipite. Répandu dans tous les climats, ayant envahi toutes les mers, paraissant au milieu des tempêtes, facilement dérobé au sein des eaux par sa couleur d'un gris bleuâtre, menaçant de sa gueule énorme les malheureux navigateurs exposés aux horreurs du naufrage et leur montrant en quelque sorte leur tombe ouverte, il n'est pas surprenant qu'il ait reçu le nom sinistre qu'il porte, et qui répond bien à la terreur qu'il inspire.

— Et qu'a de sinistre le nom de *Requin ?* demanda Mme de Senneville.

— *Requin,* vient, par corruption, du mot *requiem,* expliqua le docteur, parce que son apparition auprès d'un nageur ne laisse aucun espoir de sauver celui-ci. Le *requiem* est, vous le savez, une messe des morts.

— Ah ! très bien, reprit Mme de Senneville ; je comprends, maintenant. De sorte que tout homme qui voit à ses côtés un requin est un homme mort.

— A peu près, répondit le docteur ; cependant on
en réchappe parfois, et j'en suis un exemple.

— Vraiment ! dit Émilie. Oh ! contez-nous ça,
docteur.

— Volontiers, continua ce dernier. Vous saurez
donc que j'étais assez bon nageur dans ma jeunesse
et que la natation en mer était un de mes exercices
favoris. Or, pendant mon séjour en Amérique, un
jour que j'étais en tournée d'exploration sur le littoral, accompagné d'un nègre que m'avait prêté un
planteur de mes amis, j'arrivai au bord d'une crique
profonde dont l'eau bleue et calme éveilla en moi le
désir ardent de me baigner. En un tour de main, je
me dépouillai de mes vêtements et me jetai à l'eau.
Depuis un bon quart d'heure environ je me livrais au
plaisir de la natation, lorsque le nègre, qui était
tranquillement assis sur le bord, près de mes vêtements, se leva tout à coup en donnant des signes
d'une vive inquiétude, et me cria, en étendant le bras
dans ma direction : « Maître, requin ! »

Je tournai vivement la tête, et, à une assez faible
distance derrière moi, j'aperçus, en effet, s'élevant à
la surface de l'eau, la pointe recourbée de la nageoire
dorsale d'un requin, qui glissait doucement entre deux
eaux pour mieux surprendre sa proie ; or, sa proie
c'était moi ! Je compris aussitôt l'imminence du péril
et je me mis à nager vigoureusement vers la rive.
Malheureusement, celle-ci était escarpée et l'eau profonde ; le monstre pouvait me poursuivre presque
jusqu'au bout. Il était, en outre, meilleur nageur que

moi, et, me voyant prendre la fuite, il avait précipité son allure; de telle sorte que, lorsque de temps à autre je tournais la tête, je constatais avec terreur que chaque minute le rapprochait de moi. J'aurais pu calculer dans combien de secondes le requin serait assez près de moi pour se tourner sur le dos et m'amputer d'une jambe ou des deux ; mais je vous laisse à penser si j'avais l'esprit assez libre pour cela.

Toute mon énergie était passée dans mes muscles, et je redoublais d'efforts, lorsque je vis mon nègre plonger dans l'eau comme une flèche. Je ne compris pas et ne cherchai pas même à comprendre dans quel but il venait partager mon danger ; mais lorsque, à bout de forces et croyant déjà le requin sur moi, je tournai la tête, au lieu de la gueule terrifiante du monstre, je vis la tête souriante du nègre qui nageait derrière moi. Sans me rendre compte de la substitution, je gagnai enfin le bord, et telle avait été la tension de mon cerveau et ma surexcitation nerveuse devant ce terrible danger, qu'en prenant pied sur le sol je tombai évanoui.

Lorsque je revins à moi, je vis le nègre, une gourde à la main, qui s'efforçait de me faire avaler quelques gouttes de rhum. Je me relevai sur mon séant et il me montra du doigt, flottant au milieu de la crique, le cadavre du requin, dont le ventre blanc, tourné en l'air, montrait une large plaie béante. Alors il me raconta dans son langage naïf, et comme la chose la plus simple du monde, que, voyant le requin sur le point de me joindre, il s'était jeté à l'eau

armé de son coutelas et, plongeant sous le monstre,
dont toute l'attention était fixée sur moi, il lui avait
ouvert le ventre. Dans son pays, me disait-il, un
enfant nègre en fait autant. Je l'embrassai cordiale-
ment, et, de retour à la plantation, j'obtins de son
maître qu'il me le cédât, et je lui rendis la liberté ;
mais le brave garçon m'avait pris en telle affection,
qu'il ne voulut plus me quitter, et je le gardai à mon
service pendant tout le temps de mon séjour en
Amérique. Lorsque je fus obligé de quitter ce pays,
je lui donnai une certaine somme d'argent avec laquelle il partit pour Libéria, cette nouvelle patrie des
nègres libres.

— Ah ! docteur, dit Émilie, vous l'avez échappée
belle, et je crois que, sans ce brave nègre...

— Je ne vous conterais pas aujourd'hui cette histoire.

Le lendemain, nous prîmes congé de Mme de Senneville en la remerciant vivement de sa charmante
hospitalité, et elle nous fit promettre de renouveler
notre visite.

Mon devoir me rappelait à Paris, et ce ne fut pas
sans une vive émotion que je pris congé du docteur
et lui serrai la main, en lui promettant de revenir
passer quelques jours auprès de lui l'année suivante.

Deux jours après, j'embrassai mon oncle et ma
cousine, et montai dans la patache qui devait me
conduire à la station du chemin de fer pour Paris.

XI

L'AQUARIUM.

J'ai pris l'engagement, ma chère Émilie, de vous écrire une longue lettre lorsque je serais de retour à la ville; je viens aujourd'hui remplir ma promesse. Voilà bientôt quinze jours que j'ai quitté votre riante vallée de Fécamp pour revenir à mon cinquième étage parisien. Hélas! que ces courtes vacances ont passé vite! A peine arrivé, il m'a fallu repartir, car les journées ont eu pour moi les proportions des heures. Que d'espérance et de joie en quittant la ville! Que de regrets et de tristesse au retour! Le ciel était si beau là-bas, les couchers de soleil si magnifiques, les prairies si vertes, les arbres si touffus, et leur ombrage donnait tant de fraîcheur, que je ressens d'autant plus péniblement la sécheresse et la chaleur étouffante de la capitale.

Que sont devenues les prairies verdoyantes, les collines aux contours estompés par la brume, la source dont l'eau blanchit et chante à travers les cailloux? Que sont devenus le village avec son gai clocher dans le lointain, les bœufs qui labourent dans la plaine, les troupeaux qui se pressent sur les chemins? Ici, on a pour horizon des murs de pierre, percés de fenêtres comme des casernes, derrière lesquels s'entassent, les unes au-dessus des autres, de nombreuses familles toujours à l'étroit et manquant d'air et de soleil.

Cependant, ma cousine, j'ai tenté, par un adroit artifice, de me procurer à la ville le plus que je puis de la campagne, et d'adoucir ainsi l'amertume de mes regrets. J'ai transporté à mon cinquième étage les arbres, l'eau, la verdure, les rochers, les animaux même ; rien ne me manque, sauf l'espace et l'horizon. Tout cela est en miniature, il est vrai ; mais, comme dit notre bon docteur, avec les yeux de l'imagination on grandit les objets, et je me fais volontiers illusion. Si mon domaine n'est pas vaste, s'il ne me rapporte pas grand'chose, il n'en est pas moins des plus récréatifs, et je vous déclare qu'il y a sur terre bien des empires contre lesquels je ne le changerais pas.

Mais suivez-moi dans mon jardin ; nous allons, si vous le voulez bien, y faire quelques promenades moins longues et moins fatigantes que celles que nous avons faites si souvent ensemble dans votre jolie vallée ; car mon parc tient tout entier sur ma table, on ne s'y promène que des yeux, et commodément assis dans un fauteuil.

Ma propriété se compose d'une assez grande pièce d'eau, bien entourée d'ombrages et de verdure, dont elle entretient la fraîcheur. Ma pièce d'eau est un aquarium de la forme d'un carré long, garni de glaces sur les quatre faces. Il renferme environ 30 litres d'eau, mais il en pourrait bien contenir le double, car il n'est qu'à moitié plein. Tout autour de

ce bassin, excepté sur le devant, règne une vaste
jardinière qui couvre tout l'espace qu'il laisse libre
sur la table. Elle est remplie de jolies plantes d'espèces variées et qui réjouissent l'œil par leur gai
feuillage. Telle qu'elle est, ma propriété n'est pas
sans importance, car son étendue est d'environ
13000 centimètres carrés.

Mon aquarium.

L'aquarium en est la partie la plus importante et
la plus pittoresque. A travers les glaces qui en limi-
tent l'étendue, sur un fond de sable fin et chatoyant,
au milieu d'une eau limpide comme du cristal, vous
voyez surgir des rochers de formes bizarres, dont
les uns se profilent en arcades comme les falaises
d'Étretat, tandis que d'autres s'avancent en promon-

toires ou surplombent l'étendue des eaux. Tous dé-
passent notablement la surface et se terminent par
de charmantes pelouses vertes, fraîches, semées de
bouquets de petites fougères, découpées comme des
dentelles. Ce sont des reposoirs pour certains habitants de l'aquarium. Au fond, vers la droite, vous
apercevez une forêt sous-marine en miniature : ce
sont des prêles et des papyrus, dont les tiges s'élan-
cent avec vigueur hors de l'eau, et dont le feuillage,
d'un vert glacé de bleu, retombe en gerbes nombreuses et pressées, du milieu d'un fouillis de chara,
de callitriches et de volants d'eau, dont les mille petites feuilles, enroulées en collerettes le long des
tiges, offrent aux poissons des abris charmants. De
l'autre côté un arum, des carex et des roseaux marins, rappellent, aux dimensions près, la végétation
tropicale. C'est à se croire au bord de l'Amazone.
Mais passons, ce n'est là qu'un coup d'œil d'ensemble ; je vous dirai plus tard comment il faut entretenir et soigner ces jolies plantes.

Autour de ces roches, sous ces arcades sombres,
au milieu de ces herbes sous-marines, voyagent des
petits poissons argentés, au dos vert d'émeraude,
aux nageoires roses ou bleuâtres, aux yeux d'or ou
de rubis. Les uns nagent lentement, par couples,
tournant tout autour du bassin, comme des philoso-
phes péripatéticiens ; cet autre passe comme un trait,
à la poursuite, sans doute, de quelque proie invisible.
Ceux-ci sont immobiles et semblent réfléchir ; ceux-là
s'agitent sur le fond de sable et paraissent prendre

plaisir à s'entourer d'un léger nuage : ce sont des carpes, des perches, des vérons, des gardons, des cyprins, des ablettes, des loches. Mais les poissons ne sont pas les seuls habitants de ma pièce d'eau ; il y a des tritons, des colimaçons d'eau, des têtards, des insectes aquatiques.

Mais ne croyez pas qu'on puisse ainsi, au hasard, rassembler des plantes et des animaux. Il ne suffit pas de prendre un vase quelconque, de le remplir d'eau et d'y placer pêle-mêle les êtres habitués à vivre dans cet élément. Certaines conditions sont indispensables à leur bien-être.

Si l'on place dans un vase rempli d'eau des animaux aquatiques : mollusques, crustacés ou poissons, sans plus s'en occuper, on voit au bout de quelque temps le liquide perdre sa transparence et sa pureté ; les animaux viennent à la surface, ouvrant la bouche avec effort comme pour respirer l'air ; ils languissent et meurent bientôt dans une eau corrompue.

Pourquoi les animaux ne peuvent-ils vivre dans ces bassins artificiels, lorsque nous les voyons prospérer dans des mares souvent moins grandes que nos bassins ? C'est par la même raison qui fait que nous ne pouvons vivre longtemps dans une chambre privée d'air. Vous vous rappelez certainement les leçons de notre bon vieil ami, le docteur Magnus, et vous savez que tout animal a besoin, comme nous, d'oxygène pour vivre. Les animaux terrestres le trouvent dans l'air atmosphérique, les animaux aquati-

ques dans l'eau, et, dans l'un et l'autre cas, l'oxygène
est produit par les plantes sous l'action de la lumière.
Dans la nature, les étangs, les rivières, les mares
sont garnis d'une végétation qui produit une quantité d'oxygène suffisante pour entretenir la vie de
leurs habitants. Il faut donc s'efforcer d'imiter les
procédés naturels : « Interroge la nature et elle t'in-
struira, » a dit Job.

Vous savez donc que les animaux absorbent l'oxygène de l'air qui revivifie leur sang, et qu'ils rejettent
à l'état de gaz acide carbonique les particules vieil-
lies de leur économie ; tandis que les plantes, au contraire, décomposent cet acide carbonique, gaz dé-
létère composé de carbone et d'oxygène. Elles
s'approprient et s'assimilent le carbone nécessaire à
leur développement, et rejettent l'oxygène comme
un superflu nuisible à leur organisme.

Si des poissons, des mollusques ou d'autres animaux aquatiques sont placés dans un vase rempli
d'eau, ils absorberont promptement l'oxygène que
renferme cette eau, et comme celle-ci ne peut em-
prunter à l'air l'oxygène aussi rapidement que les
animaux le lui enlèvent, elle se trouvera bientôt
impropre à la vie de l'animal, qui périra inévitable-
ment. Mais si nous introduisons dans l'aquarium des
plantes qui puissent y vivre à l'aise, celles-ci fourni-
ront constamment l'oxygène nécessaire à la respiration des animaux, et absorberont en outre le gaz
carbonique qui vicie l'eau. C'est grâce à cette pondé-
ration de la vie animale et végétale, à ce libre-

échange naturel, qu'on peut entretenir chez soi un aquarium et jouir ainsi en petit des merveilles du monde sous-marin, et cela sans changer l'eau et, par conséquent, sans troubler ses habitants.

Il est évident qu'il faut aussi proportionner la population animale à la capacité du vase qui les renferme, et que, plus les habitants seront nombreux, plus la part d'oxygène qui reviendra à chacun sera amoindrie. Quant aux plantes, leur quantité n'est jamais trop grande, mais on doit éviter néanmoins qu'elles envahissent l'aquarium au point de ne plus laisser voir les animaux. Il faut au moins 3 litres d'eau par habitant de taille moyenne; ainsi mon aquarium, qui contient 30 litres d'eau, peut donner asile à une dizaine de poissons ou d'autres animaux aquatiques, sans compter les tritons et les colimaçons d'eau, qui, pourvus de poumons, viennent respirer l'air à la surface et ne consomment pas l'oxygène contenu dans l'eau.

On doit tenir compte également des mœurs des animaux qu'on destine à vivre ensemble dans l'aquarium et ne pas associer des créatures qui sont en hostilité ouverte depuis la création du monde. Sinon, on les verra bientôt s'attaquer avec fureur et s'entre-dévorer. Les plus faibles disparaissent d'abord, puis les survivants se feront entre eux la guerre, et l'on n'aura bientôt plus sous les yeux qu'un triste cimetière, vrai charnier des Innocents.

Mais croyez-vous que ce soit là tout ? Non vraiment : il faut encore vous préoccuper de la qualité de l'eau que vous employez, ainsi que de la lumière et de la chaleur à l'influence desquelles se trouve soumis l'aquarium.

La pureté de l'eau est fort importante; elle doit être bien aérée et dépourvue autant que possible de matières étrangères. L'eau de rivière, de source ou de pluie, en un mot, toute eau bonne à boire peut être employée après avoir été filtrée ; mais il faut repousser l'eau des puits et celle des mares : la première contenant une forte proportion de sels calcaires, et la seconde des substances organiques en décomposition, qui ne tarderaient pas à nuire à la santé des habitants. L'eau de puits produit un singulier effet sur le poisson rouge; il y perd ses vives couleurs, y devient d'un blanc mat et dépérit à vue d'œil; mais, replacé dans une eau pure, il reprend peu à peu sa brillante livrée.

La lumière et la température ont une très grande influence sur les végétaux et les animaux qui vivent dans l'aquarium. Une expérience bien simple vous en donnera une idée. Si vous placez dans un vase quelconque, dans une assiette creuse, par exemple, une certaine quantité d'eau pure, exposée à l'air et à la pleine lumière, vous verrez au bout de quelque temps se produire un phénomène singulier : de petits nuages d'un vert jaunâtre se forment au sein du liquide, et si vous examinez cette matière à l'aide du microscope, vous découvrirez qu'elle est composée de milliers de petits filaments végétaux enchevêtrés les uns dans les autres. Cette végétation primordiale provient des germes répandus dans l'atmosphère. Vous remarquerez aussi que leur développement est d'autant plus rapide que la lumière est plus vive et la chaleur plus intense.

Quelques jours après, au sein de cette végétation élémentaire, vous verrez, toujours à l'aide du microscope, apparaître des animalcules qui se nourrissent de sa substance; puis surviendront d'autres animalcules, mieux organisés que les premiers, qui poursuivent et dévorent ceux-ci.

C'est là l'image de la vie sur terre. Les végétaux apparaissent les premiers; puis viennent les animaux herbivores qui s'en nourrissent, puis enfin les animaux carnassiers qui vivent aux dépens de ceux-ci. La vie entretient la vie; la mort des uns alimente l'existence des autres.

La lumière et la température auxquelles se trouve exposé l'aquarium ne sont donc pas indifférentes. Le libre accès de la lumière est indispensable au développement des plantes et à la production de l'oxygène; cependant une trop vive lumière provoque le développement de la matière verte qui trouble l'eau et obscurcit les parois de glace. D'un autre côté, l'obscurité est encore plus préjudiciable; il est donc nécessaire de prendre un terme moyen, c'est-à-dire de n'admettre qu'une lumière modérée. Dans cette condition, les plantes et la matière verte ne se développent que médiocrement et l'eau conserve une limpidité parfaite. On obtient le règlement de la lumière à l'aide d'écrans, ou bien en plaçant l'aquarium dans un lieu modérément éclairé. La meilleure exposition à lui donner est celle du nord, au moins pendant l'été.

Il faut toujours éviter avec soin que les rayons solaires frappent directement sur l'aquarium : d'abord, pour éviter les inconvénients d'une lumière trop vive, comme je viens de vous le dire; en second lieu, de crainte que l'eau n'atteigne une température trop élevée, ce qui est toujours nuisible au bien-être des animaux aquatiques. Dans la nature, les habitants des eaux cherchent d'eux-mêmes la température qui leur convient, soit en gagnant le fond pour y trouver la fraîcheur, soit en s'élevant à la surface, où les eaux sont échauffées par les rayons solaires. Mais, dans un petit volume d'eau, la température s'équilibre dans toute la masse, et dès que l'eau devient tiède, on voit les animaux donner des signes évidents de malaise et venir à la surface s'efforcer de respirer en ouvrant une bouche pantelante. La température de l'eau ne doit pas dépasser 15 degrés en été, ni descendre au-dessous de 5 degrés en hiver.

Un aquarium bien organisé peut prospérer pendant des années entières sans y renouveler l'eau.

Maintenant que vous connaissez les conditions nécessaires à la prospérité d'un aquarium, nous allons, si vous le voulez bien, passer en revue toutes les richesses que renferme le mien.

Commençons par les plantes. Toutes les espèces végétales qui croissent dans les eaux ne sont pas propres à vivre dans un aquarium. Il est évident que

celles qui tiennent au sol par de fortes racines ne
peuvent trouver ici les conditions nécessaires à leur
existence ; tels sont les nénuphars, les sagittaires,
les potamots, etc. D'autres ont encore besoin d'être
enracinées au sol ; mais leurs racines, peu étendues,
leur permettent de se contenter de la faible quantité
de terre renfermée dans un pot, et l'on peut les admettre dans l'aquarium en enfonçant ce pot dans le

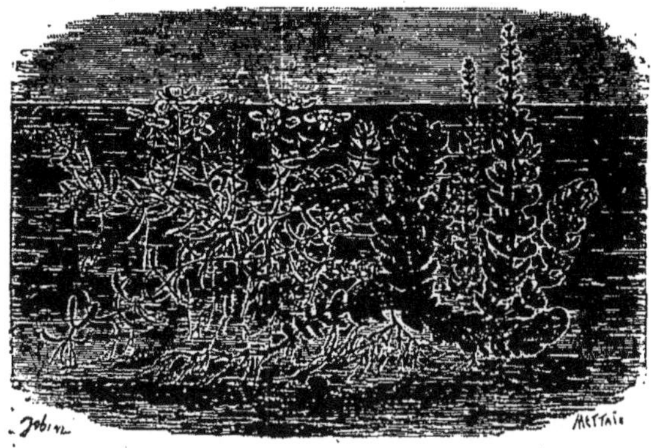

Callitriche et myriophylle volant d'eau.

sable du fond. Mais les plantes les plus utiles et les
plus agréables à ce point de vue sont celles qui flottent dans l'eau et y vivent sans avoir besoin de s'en-
raciner dans le sol. Vous en voyez ici plusieurs exemples. Ce sont d'abord les lenticules ou lentilles d'eau
qui couvrent en si grande quantité la surface des
mares et des étangs. Leur nom indique parfaitement
la forme de ces plantes : ce sont de petites feuilles
d'un vert gai, arrondies, de la grosseur d'une len-

tille, et qui émettent en dessous des racines fibreuses. On trouve fréquemment des hydres fixées à la partie inférieure des lenticules, et je vous parlerai plus tard de ces animaux singuliers.

Le myriophylle, ou volant d'eau, est encore une excellente plante d'aquarium. Ses tiges rameuses, assez longues, portent à chaque nœud quatre feuilles linéaires, ailées en manière de plume, et se terminent par un long épi de fleurs très petites. Une autre espèce porte cinq

Chara.

feuilles découpées, au lieu de quatre. Ces plantes sont communes dans les eaux stagnantes et les cours d'eau peu rapides. Elles produisent un fort joli effet.

Une des plus jolies plantes d'aquarium est la calli-triche. Son nom, tiré du grec, signifie *belle cheve-lure*, et lui a été donné en raison de ses longues tiges délicates et flottantes. Ses feuilles, d'un beau vert clair, s'élèvent à la surface de l'eau, où elles forment de jolies rosettes, et le long de la tige elles sont disposées par paires. On en coupe les rameaux pour les réunir en touffe au moyen d'un cordon, et on les fixe au fond du bassin en y attachant un caillou. Elles y végètent librement et égayent l'aquarium de leur riche verdure.

D'autres plantes d'eau vivent ordinairement atta-chées au sol ; mais elles prospèrent également bien sans être enracinées et se fixent au fond par les rejets qui poussent des nœuds. Tel est le chara, ou lustre d'eau, fort commun dans les eaux stagnantes de nos mares et de nos étangs. Ses tiges, longues de 25 à 40 centimètres, sont cylindriques, diaphanes, articulées et garnies à chaque nœud d'une couronne de petits rameaux, simples ou branchus, mais com-plètement dépourvus de feuilles. Cette plante est fort curieuse à observer sous le microscope. On voit, dans ses tiges transparentes, circuler le liquide, et, sur le bord supérieur des rameaux, on distingue de petites vésicules rouges qui contiennent les graines ; au milieu d'elles sont des filaments blanchâtres, qui paraissent jouer le rôle des étamines. Ils se roulent en spirale, et lorsqu'ils sortent des capsules, ils s'a-gitent dans l'eau comme de petits vers.

L'anacharis du Canada est encore une excellente

plante d'aquarium. Ses tiges, très déliées et rameuses, hautes de 10 à 20 centimètres, portent des feuilles oblongues, réunies par trois. Cette plante se multiplie d'une façon prodigieuse. Le moindre fragment suffit pour produire, au bout d'un certain temps, une touffe entière, au moyen des bourgeons qui poussent dans l'aisselle des feuilles, et qui, se détachant de la plante-mère, tombent au fond, où elles poussent des racines d'où s'élèvent bientôt des touffes vigoureuses. L'anacharis produit en quantité de l'oxy-

Anacharis du Canada.

gène et ne meurt jamais dans l'aquarium, pourvu que l'on prenne soin d'en élaguer les rameaux flétris.

Toutes les plantes aquatiques à racines médiocres peuvent vivre dans l'aquarium, plantées dans de petits pots que l'on enfonce dans le sable ; tels sont les carex, les renoncules d'eau, l'hottonia des marais,

Papyrus.

le plantain d'eau, le trèfle d'eau, le rossolis, le souchet ou petit papyrus, et surtout l'arum. Ses belles feuilles, d'un vert gai, sont en forme de cœur allongé et portées sur de longs pédoncules qui partent de la racine ; du milieu d'entre elles s'élève une longue tige florale, qui porte à son extrémité une enveloppe en forme de cornet d'un blanc pur ; au centre se dresse un épi de fleurs jaunâtres. Le myosotis des marais, le butome ou jonc fleuri prospèrent également-

Arum.

ment dans l'aquarium. Je ne dois pas oublier de vous dire que, lorsque j'introduis une plante en pot dans mon aquarium, j'en recouvre la terre d'une couche de gravier, afin que celle-ci ne se délaye pas dans l'eau.

Les mousses qui croissent au bord des eaux garnissent les rochers de leur gaie verdure : les sphagnums, les hedwigia, les fontinales, viennent bien dans les trous des rochers.

Mais passons à la partie la plus intéressante de l'aquarium ; examinons les habitants de ce monde aquatique. Il est bien limité, sans doute, ce monde ; c'est l'immensité vue par le petit bout de la lorgnette. Mais qu'importe, si, par ce très petit bout, je surprends quelques-unes des merveilles que la nature dérobait à mes yeux dans la vaste étendue des eaux? Sans doute, il vaudrait mieux observer les habitudes des animaux aquatiques dans toute leur liberté et dans la grandeur de leur élément naturel ; mais, faute de mieux, j'admire ce que je puis et j'aurais tort de me plaindre de la place que j'occupe au spectacle de la nature, d'autant que cette place ne me coûte pas cher ; quelques soins, de la patience, voilà tout.

Mon aquarium ne renferme pas, je l'avoue, les espèces les plus rares ; ce sont, au contraire, celles que l'on peut se procurer partout et à peu de frais. Mais à quoi sert, après tout, de posséder ce que les autres ne possèdent pas? Je laisse cette manie aux collectionneurs. Les animaux les plus rares sont souvent ceux dont les mœurs sont les moins intéressantes. Peut-être allez-vous croire que j'imite le renard de la fable? Eh bien, après tout, c'est agir en philosophe. Mes poissons sont communs ; mais je les possède,. c'est-à-dire que je connais leurs mœurs. J'ai suivi leurs mouvements, étudié leurs instincts, admiré leur structure. Et je vous assure

qu'il y a beaucoup à voir dans ce petit espace pour
quiconque veut se donner la peine de regarder.

Tenez, voici d'abord une petite carpe ; elle est longue d'environ 12 centimètres ; ce qui, pour une carpe
de son âge, n'est pas une belle taille, car elle a bien
cinq ou six ans ; mais elle vous prouve par son activité qu'elle jouit d'une excellente santé. C'est le plus
familier de mes pensionnaires ; elle me reconnaît
parfaitement et vient manger le pain que je lui pré-

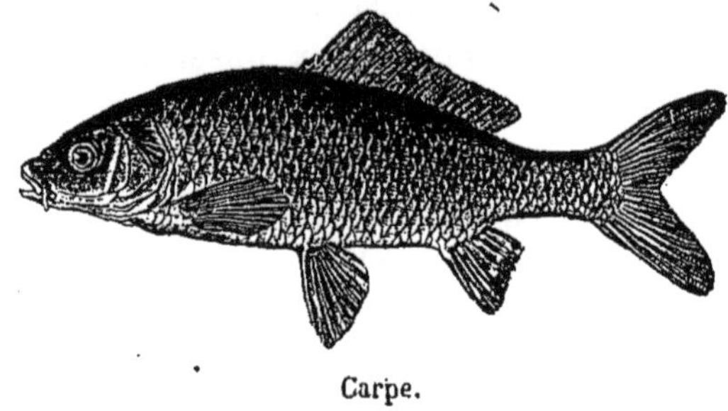

Carpe.

sente au bout de mes doigts. Si le hasard l'avait jetée
dans les eaux du Rhin, au lieu de l'envoyer dans mon
aquarium, elle serait bien trois ou quatre fois grande
comme elle est, à moins toutefois qu'elle n'eût depuis longtemps passé par la poêle à frire. Eût-elle été
plus heureuse pour avoir pu grandir davantage ? Je
n'en sais rien ; mais vous conviendrez qu'au moins,
chez moi, elle n'a pas à redouter les filets du pêcheur
ni l'hameçon perfide.

La voilà qui s'approche du bord en regardant de
mon côté ; elle semble solliciter quelque friandise.
Profitons-en pour l'examiner. Elle a le dos voûté,

arrondi et large, la corpulence massive ; on voit qu'elle est robuste, sinon élégante. Elle ouvre et ferme alternativement la bouche pour donner passage à l'eau qui baigne ses branchies ; ses lèvres sont munies d'une espèce de rebord charnu protractile, véritable organe de préhension. C'est une espèce de trompe qui lui permet de saisir les objets, car elle ne peut les mordre. Tenez, la voilà qui s'éloigne ; elle a vu qu'elle perdait son temps. Elle descend sur le fond de sable, et, la tête en bas, remue et déplace les petits cailloux au moyen de ses lèvres membraneuses, pour y chercher des vers ou les quelques particules nutritives qui ont pu s'y déposer. Puis, continuant sa marche tranquille, elle rejette en un petit nuage le sable pur. A chaque coin des lèvres pend un barbillon, sorte de tentacules au moyen desquelles elle palpe sans doute les objets.

La carpe, comme tous les poissons de la famille des cyprins, dont elle fait partie, paraît destinée à servir de nourriture aux poissons carnassiers ; c'est le mouton des eaux, comme le brochet, la perche et la truite en sont les loups. En effet, la carpe n'a pas d'armes offensives ni défensives. Point d'épines, pas d'écailles dures. Sa bouche est peu fendue, et ses mâchoires, dépourvues de dents, ne peuvent pas mordre. Cependant il lui faut vivre, et il lui fallait des dents pour broyer les graines et les insectes dont elle se nourrit. Comment inventer des dents qui puissent mâcher sans mordre ? Vraiment ! la nature n'est pas embarrassée pour si peu. Au lieu de mettre les dents

de la carpe dans la bouche, elle en a pavé le gosier ;
et ces *dents pharyngiennes,* comme on les appelle,
lui suffisent pour triturer ses aliments, mais non
pour mordre.

Ma petite carpe, bien qu'elle soit naine, a des proportions aussi parfaites que si elle avait atteint tout
son développement. Elle a absolument les mêmes
formes que ces carpes gigantesques du bassin de
Fontainebleau, dont quelques-unes ont près d'un
mètre, et que certains amis du merveilleux font remonter à François I{}^{er}. Trois siècles et demi ! ce seraient les Mathusalems des poissons.

Vous avez sans doute remarqué plus d'une fois ces
petites serres vitrées de la dimension d'une boîte à
ouvrage, contenant dans des pots microscopiques
peints en rouge des plantes grasses, de plusieurs espèces : aloès, cactus, joubarbes, sédums, etc. Toutes
ces plantes sont des miniatures dont les représen-
tants qui vivent en liberté deviennent aisément cent
fois plus grands. Tant qu'on n'augmente ni l'espace
où elles respirent ni le vase qui contient la terre où
plongent leurs racines, ces plantes restent naines.

Ce n'est pas tout d'un coup qu'on obtient ces races
de pygmées ; mais en restreignant avec ménagement
l'espace de génération en génération, on arrive à les
obliger peu à peu à devenir toutes petites. En agis-
sant d'une manière analogue sur les animaux, nous
obtenons pour le plus grand nombre les mêmes ré-
sultats ; les chiens et plusieurs autres animaux do-
mestiques nous en offrent des exemples nombreux.

Voici deux cyprins dorés de la Chine, vulgairement connus sous le nom de *poissons rouges*. L'un est d'un rouge flamboyant ; sa nageoire dorsale est très développée et flotte comme une voile ; sa queue, très large, est découpée en trois lobes. L'autre est doré, couvert de taches noires, comme un cheval pie ; sa nageoire dorsale et sa queue sont de faibles dimensions. Ce poisson, aujourd'hui répandu dans le monde entier, n'a été introduit en Europe que vers la fin du seizième siècle ; mais sa domestication en Chine remonte à une haute antiquité. Les Chinois riches se plaisent à élever dans leurs demeures un grand nombre de variétés de ce joli poisson, qu'ils mélangent sans

Cyprin doré.

cesse pour en obtenir de nouvelles. Peu d'animaux offrent plus de modifications que le cyprin doré, soit dans les couleurs, soit dans les formes. On en voit de rouges, de dorés, de blancs, d'argentés, de pies, de presque noirs. Les uns ont des formes élancées et élégantes, d'autres sont courts et ramassés. Leurs nageoires et leur queue, très développées chez les uns, sont petites chez les autres. Il en est enfin dont les yeux, énormément gonflés, rappellent ceux du caméléon.

On a souvent essayé de faire vivre le cyprin doré en liberté dans nos étangs et nos rivières ; mais il y

disparaît toujours rapidement ; sans doute à cause
de ses couleurs brillantes, qui le font apercevoir de
loin par les poissons voraces, auxquels il ne tarde
pas à servir de proie, vu son peu d'agilité.

Si, comme je vous l'ai dit, les cyprins sont les
moutons de la gent poissonnière, il y existe aussi
des loups, et voici l'un de ces mangeurs de moutons.
Mais pourquoi, direz-vous, ne pas suivre moi-même
les conseils que je donne ? pourquoi associer des ani-

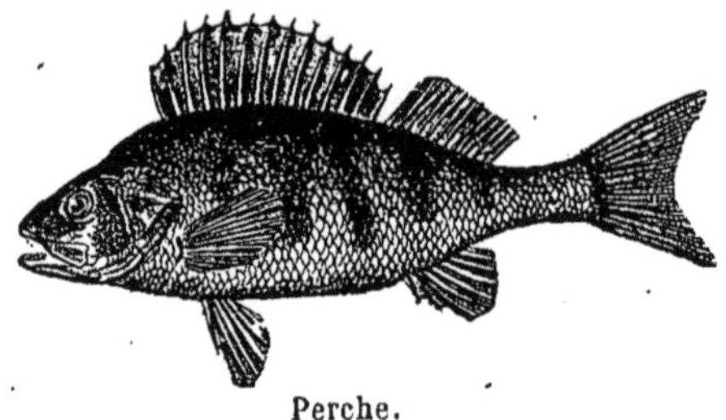

Perche.

maux qui sont ennemis depuis la création du monde ?
J'ai prévu le danger, et j'ai choisi ma perche d'une
taille à la rendre inoffensive pour ses voisins. Sauf
l'épinoche, qui frétille là-bas dans ce coin, ma perche
est le plus minime des habitants de l'aquarium ; sa
bouche est petite si son appétit est grand, et j'ai soin
de ne la point laisser jeûner. C'est, d'ailleurs, un joli
poisson aux yeux vifs, à l'allure souple et élégante.
Il a sur le dos une belle nageoire transparente, qu'il
redresse en éventail lorsqu'un autre poisson passe
auprès de lui ; cette nageoire porte à la base un point
noir qui ne dit rien de bon, et, quoique fort jolie, sa
robe est rayée de noir, comme celle du tigre. Ces in-

dices ne sont pas menteurs, et si elle avait seulement
un pied de long, ma perche serait la terreur de l'aquarium.

Un seul des habitants de mon aquarium est plus
petit que ma perche : c'est l'épinoche ; mais elle est si
bien armée, elle possède tant de tours d'adresse pour
échapper aux gloutons, que je n'en suis pas inquiet.

Epinoches.

Voyez comme elle est jolie ! son corps est de nacre,
son dos de turquoise, ses nageoires d'argent. Mais
ce poisson est aussi méchant qu'il est petit ; il joue
cent mauvais tours à ses voisins, et sans sa jolie robe
et sa vive allure je l'aurais depuis longtemps pros-
crit. Dans les premiers temps, sa petite taille le rendit l'objet de plusieurs tentatives criminelles de la
part de la perche et des tritons ; mais ils revinrent
bien vite à de meilleurs sentiments à son égard. Il
faut dire que l'épinoche a le dos et les flancs armés

de fortes épines, qu'elle tient couchées au repos,
mais qu'elle redresse aussitôt qu'on l'attaque. Or, la
perche et les tritons ayant tenté de la saisir plusieurs
fois, se sont transpercés les mâchoires sans autre
résultat, et depuis lors ils ont renoncé à tout méchant
dessein contre elle.

C'est grand dommage que l'épinoche soit un poisson
si turbulent et si batailleur qu'on ne peut en avoir
plusieurs dans un aquarium, car ses mœurs sont des
plus curieuses, et il montre une industrie et des qualités rares chez les poissons. Chez ceux-ci, les joies
de la famille sont généralement inconnues; la mère
elle-même abandonne ses œufs au milieu des eaux
où elle vit, et elle ne connaîtra jamais ses enfants. Il
n'en est pas de même de l'épinoche : celle-ci fait
un nid, couve les œufs, garde et nourrit les petits,
comme la mère la plus vigilante pourrait le faire.
Seulement, ce n'est pas la femelle qui prend ce soin,
comme chez les oiseaux; ici, c'est le mâle. J'ai pu
jouir de ce spectacle dans un petit cours d'eau, et je
vais vous le décrire tel que je l'ai vu.

Au printemps, ce merveilleux poisson paraît tout
brillant d'or, d'azur et de pourpre.

Le voilà qui va chercher au fond de l'eau des brins
d'herbe, des bouts de racine, qu'il dispose en rond
sur le fond du ruisseau. Il les assujettit en laissant
tomber dessus des grains de sable ou des cailloux
qu'il prend dans sa bouche; puis il tasse tous ces débris à coups de tête et se traîne dessus avec un mouvement vibratoire particulier, ayant pour but d'y

déposer un mucus qu'il sécrète et qui agglutine le.
tout de façon que l'eau ne puisse le désunir. Sur cette
base, l'épinoche continue à apporter des brins d'herbe,
des menues racines, qu'elle enchevêtre et agglutine de
manière à en former une sorte de tube ou de man-
chon dans lequel elle passe à plusieurs reprises, afin
de l'égaliser convenablement. C'est merveille de voir
l'activité que déploie ce petit être, qui n'a que sa bouche pour mener à bonne fin cette jolie construction.

Lorsque son nid est terminé, le mâle se met en
quête d'une femelle prête à pondre ses œufs; il l'amène
à l'entrée, l'encourage à le suivre et l'y force même
au besoin. Il la fait entrer dans le nid et la surveille
pendant qu'elle pond. Celle-ci dépose quelques œufs
d'un beau jaune, puis sort par le côté opposé. Le
mâle va alors chercher une autre femelle, puis une
troisième; il les fait pondre, et lorsqu'il a ainsi ra-
massé une quantité d'œufs suffisante, il va se coucher
dessus. Il sort bientôt après du nid, dont il ferme le
fond, et demeure en sentinelle près des œufs pour les
défendre. Alors, malheur à l'audacieux qui approche
trop près de son trésor! Il s'élance sur lui, le mord
avec fureur et s'efforce de le percer de ses aiguillons.
Et, chose singulière, non seulement les femelles ne
prennent aucun soin de leurs œufs, mais elles les
dévorent même lorsqu'elles en trouvent l'occasion.
Aussi le mâle fait-il bonne garde, ne quittant jamais
son nid.

Au bout d'une quinzaine de jours, les jeunes épinoches sortent du nid en un essaim nombreux; leur

corps est tellement diaphane, qu'il semble être de cristal. Le père surveille leurs mouvement avec sollicitude, ne les perd pas plus de vue qu'une poule ses poussins, les ramenant près du nid quand elles s'en éloignent, et ne se relâchant de sa surveillance que lorsque ses petits sont devenus assez forts pour pourvoir eux-mêmes à leurs besoins et à leur sûreté.

Rien n'est plus facile que de se procurer des épinoches. Ces poissons sont communs dans tous les ruisseaux et les rivières dont le fond est un peu vaseux et garni de plantes aquatiques. Si l'on jette dans l'eau un fil au bout duquel est attaché un ver, on verra bientôt une troupe de ces êtres voraces se disputer cette proie, et au bout de quelques instants, en retirant brusquement le fil, on ramènera avec le ver deux épinoches pendues à ses deux extrémités, et qui ne le lâcheront pas. Et autant de fois que l'on rejettera le ver, autant de fois on prendra des épinoches ; car le sort de leurs semblables ne les rend pas plus prudentes. On peut également en prendre un grand nombre d'un seul coup de troubleau, en enfonçant celui-ci dans l'eau un peu au-dessous de la surface et en faisant pendiller le ver au-dessus de l'ouverture. Bientôt toute la troupe se trouvera au-dessus du filet, et l'on n'aura qu'à le lever rapidement pour faire une foule de prisonniers. Mais, je vous le répète, si vous tentez d'introduire ces enragés diablotins dans l'aquarium avec d'autres poissons, ils les agaceront, les tourmenteront et ne leur laisseront ni paix ni trêve. Ce sont de vrais sauvages que rien n'effraye :

confiants dans leur armure hérissée de piquants, ils s'attaquent à tous ceux qui vivent dans leur société.

Il en existe une espèce plus petite, l'épinochette, qui n'a que 3 centimètres de longueur. Elle est d'un

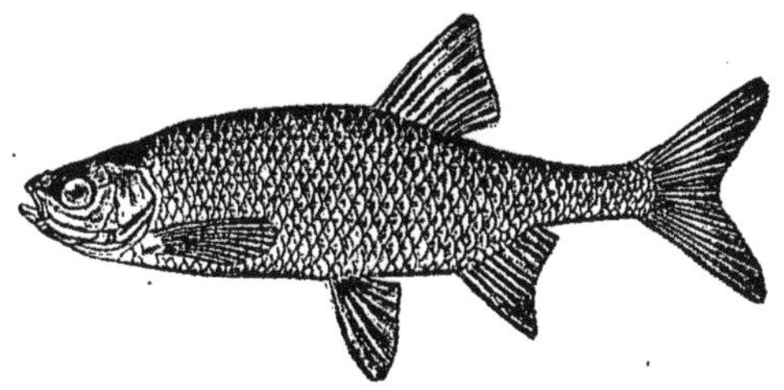

Tanche.

vert azuré en dessus, d'un blanc argenté piqueté de noir en dessous. Moins bien armée que l'épinoche, elle est aussi d'un caractère moins querelleur et peut

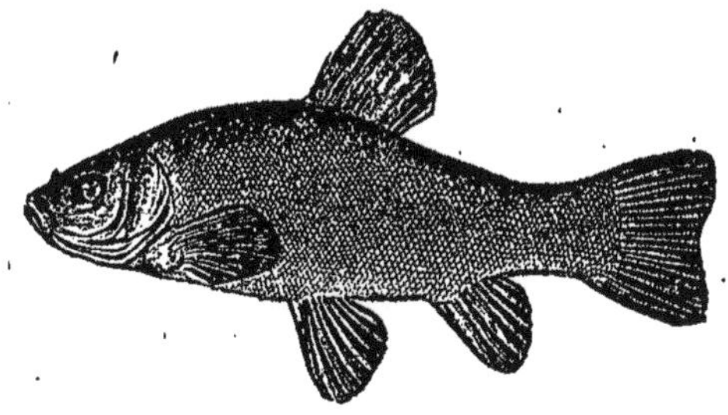

Gardon.

vivre avec d'autres poissons, qui la respecteront à cause de ses épines dorsales.

Ce poisson, dont les formes trapues rappellent celles de la carpe, et qui se promène avec une lenteur pleine de dignité, est une tanche. Elle est bien

reconnaissable à son dos bombé, à sa robe bronzée,
à ses nageoires d'un noir violacé, et surtout à la pe-
titesse de ses écailles, enduites d'une viscosité qui la
rend aussi glissante que l'anguille. C'est un poisson
robuste, qui se familiarise aisément et s'accommode
fort bien de la demi-captivité de l'aquarium. Sa chair
est excellente.

Je n'en dirai pas autant de ce gros gardon, qui
vient là-bas en sens contraire. Aucun poisson n'est
plus gracieux; ses nageoires rouges tranchent sur le

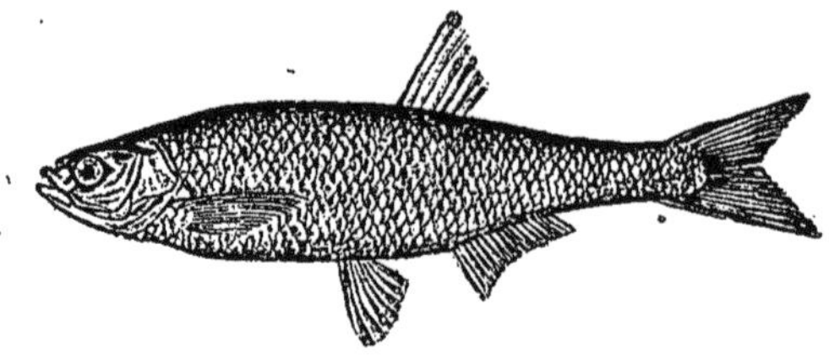

Ablette.

blanc argenté de ses flancs, ainsi que ses grands
yeux couleur de sang, cerclés de jaune; mais sa
chair est si fade, que la meilleure sauce la fait diffi-
cilement passer. Comme valeur culinaire, je mettrais
volontiers sur le même rang ces jolies ablettes à la
forme élégante et allongée, et toutes vêtues d'argent.
Toujours en mouvement, elles explorent continuellement la surface de l'eau, dans l'espoir d'y rencontrer
quelque moucheron en détresse.

Mais ce n'est pas pour leur chair qu'on pêche les
ablettes; c'est pour leurs écailles, dont la matière
nacrée sert à faire les fausses perles. Comme, en

votre qualité de femme, cela doit vous intéresser toùt particulièrement, je vais entrer dans quelques détails à ce sujet.

Je vous disais donc que ce sont les ablettes qui fournissent la matière nacrée avec laquelle on fabrique les fausses perles ; et cette fabrication a atteint aujourd'hui un tel degré de perfection, qu'on s'y tromperait facilement, si l'on ne savait que la vraie perle possède une dureté qu'on ne peut donner à la fausse. Ce fut un nommé Jamin, marchand de chapelets à Paris, qui inventa l'art de fabriquer des perles fausses, et sa méthode n'a subi de modifications et de perfectionnements que dans le soufflage des perles, qu'au lieu de faire rondes et régulières comme de son temps, on modèle aujourd'hui avec toutes les irrégularités de forme que présentent les perles véritables.

On obtient la matière nacrée en raclant les malheureuses ablettes avec un couteau, tout comme une vulgaire carotte, au-dessus d'un baquet d'eau. On prend alors le dépôt, que l'on place sur un tamis très clair, et on le lave à grande eau au-dessus d'un vase ; la matière nacrée passe seule et se précipite au fond du vase, tandis que les écailles nues restent sur le tamis. Ce dépôt, d'un blanc bleuâtre, très brillant, ressemble à de la nacre liquide : c'est ce que l'on appelle l'*essence d'Orient.* On délaye cette matière dans de la colle de poisson, et elle est alors prête à servir. Pour faire les perles, on souffle au chalumeau de petites boules creuses de verre très

minces, dont chacune est percée de deux trous. Dans
ces boules, on verse une goutte d'essence d'Orient,
que l'on agite dans tous les sens, de manière que
toute la surface intérieure en soit couverte, et on les
fait sécher rapidement au-dessus d'un poêle. Dans
cet état, les perles ont tout leur éclat, mais elles seraient trop fragiles ; aussi les remplit-on de cire pour
les consolider.

Voici le goujon, célèbre, comme vous savez, parmi
les gourmets, pour l'excellente friture qu'il donne.

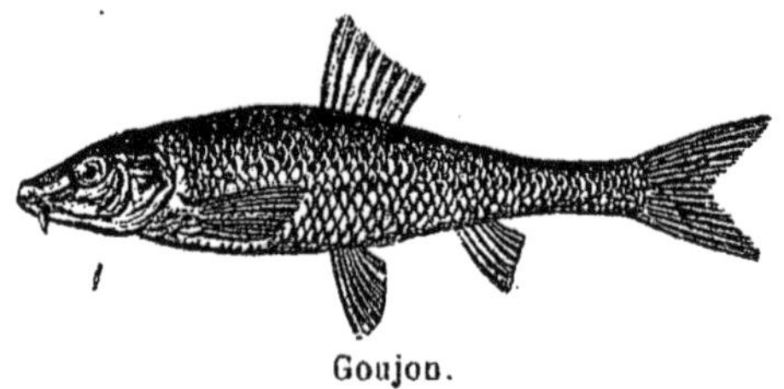

Goujon.

C'est un joli poisson, vif, robuste, et qui s'habitue
assez facilement dans l'aquarium. Son corps, de
forme allongée, arrondie, est recouvert de grandes
écailles verdâtres, pointillées de jaune et de violacé ;
ses nageoires sont piquetées de brun, et ses lèvres
garnies de barbillons. Le goujon se tient presque
toujours au fond de l'eau, où il recherche les vers,
les larves et les insectes aquatiques. Aux approches
de la nuit, on le voit prendre ses dispositions pour
dormir ; il se pose sur le gravier du fond, près de
quelque rocaille, appuyé sur la pointe de ses nageoires pectorales et ventrales et sur le lobe inférieur

de sa queue, ce qui lui fait cinq points d'appui. Il fait ainsi, vu de face, l'effet d'un navire en chantier sur ses étais.

Cet autre gracieux poisson, dont les formes rappellent un peu celles du goujon, mais dont la livrée est bien plus brillante, est le véron. Sa vivacité et sa familiarité en font un hôte très agréable. Il semble voler dans l'eau comme une hirondelle dans l'air. Au bout de quelques jours, ce poisson est devenu assez fami-

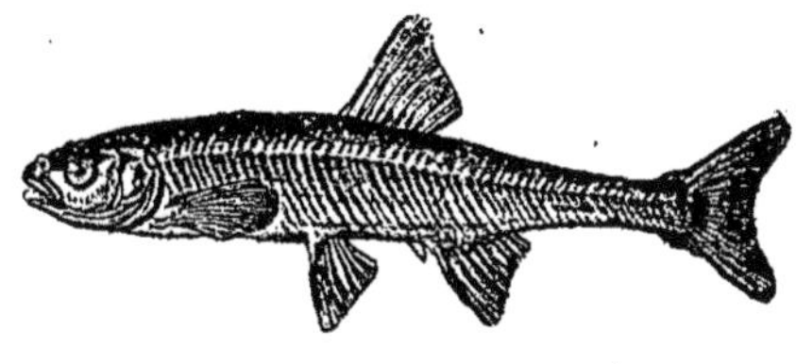
Véron.

lier pour enlever entre les doigts la nourriture qu'on lui présente. Il est hardi et espiègle comme un moineau.

Mais la carpe, qui nageait à la surface, s'arrête tout à coup, et la voilà qui descend au fond sans faire avec ses nageoires le moindre mouvement. Elle cherche pendant quelques instants, le museau dans le sable, les bribes nutritives qui peuvent s'y trouver perdues ; puis, du fond de l'aquarium, elle remonte à la surface, tout d'une pièce et sans remuer ses nageoires ou sa queue. Comment peut-elle ainsi monter ou descendre par l'effet seul de sa volonté, direz-vous ? C'est grâce à un organe des plus curieux que possèdent les poissons. Vous connaissez ces ballons si légers, que la moindre agitation de l'air les transporte au loin. Chaque poisson renferme dans son

corps un petit ballon de ce genre, que l'on nomme
une *vessie natatoire*. Cet appareil est transparent
comme du verre; il a plus ou moins la forme d'un
œuf et est gonflé de gaz.

Par un mouvement musculaire intérieur, le poisson peut à sa volonté comprimer cet organe pour en
diminuer de beaucoup le volume. Comme le poids du
poisson reste le même et que son volume seul est
variable, suivant qu'il comprime plus ou moins sa
vessie natatoire, vous comprenez qu'il devient, quand
il le veut, plus lourd, aussi lourd ou plus léger que
l'eau, ce qui lui permet de descendre, de monter ou
de rester en place sans être fatigué par les mouvements constants de ses nageoires. Veut-il descendre,
il contracte ses muscles abdominaux ; l'air de son
petit ballon se comprime; le poisson tient moins de
place, et, comme il n'a rien perdu de son poids, il
devient spécifiquement plus lourd que l'eau et tombe
au fond comme le ferait une pierre. Veut-il s'arrêter
en route, il rend à cet organe, en relâchant un peu
ses muscles, une partie de son volume primitif, jusqu'à ce qu'il devienne d'un poids égal à l'eau. Il n'y
a dans ce cas aucune raison pour qu'il descende ou
qu'il monte ; aussi reste-t-il en place. A-t-il la fan-
taisie de regagner la surface, vite il détend tout à fait
ses muscles, et le ballon compensateur reprenant son
plus grand volume, le poisson, redevenu tout d'un
coup plus léger que l'eau, remonte rapidement.

Le dernier poisson dont j'ai à vous entretenir ici
est la loche, reconnaissable à sa forme allongée, à

ses écailles petites, enduites de mucosité, à sa bouche
peu fendue, entourée de nombreux barbillons. Celui-
ci est le moins familier de mon aquarium ; il a toujours
jours conservé son caractère sauvage. Pendant le
jour, il change rarement de place et se tient sur le
fond, comme collé contre le sable. Mais, vers le soir,
il sort de sa torpeur et commence à décrire des cir-
cuits sans fin. Rien n'est plus gracieux que ses
allures, lorsqu'il file le long de la glace, poussé en

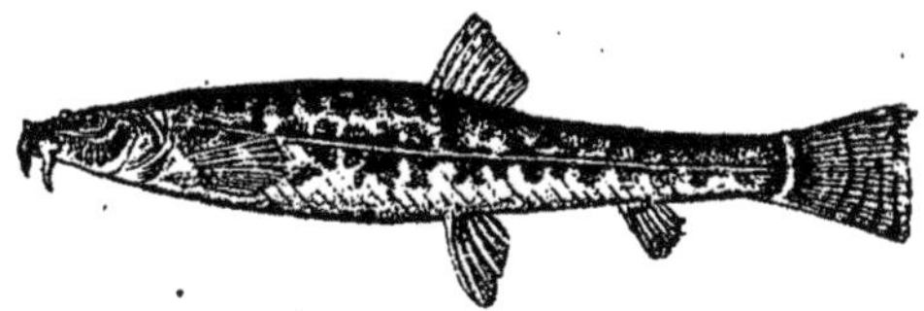

Loche.

avant par le vigoureux mouvement ondulatoire de sa
queue. Quand il nage ainsi, ses mouvements sont
tellement ondulatoires, qu'on le prendrait pour un
triton s'élançant à la surface pour renouveler sa provision d'air.

Lorsque, pendant le jour, la loche est tranquillement couchée sur le sable, et qu'on lui jette un petit
ver rouge, elle se réveille aussitôt et se met à sa recherche. Si quelque autre s'en saisit, elle fond sur le
ravisseur comme un trait, lui arrache le ver de la
bouche et retourne au fond, secouant sa proie comme
un chat fait d'une souris, et malheur à celui qui tente
de la lui enlever !

Parlons maintenant un peu de la nourriture des

poissons. Vous remarquerez d'abord que, suivant les
espèces, la bouche est placée diversement. Chez les
unes, son ouverture est en l'air; chez d'autres, elle
est horizontale, et dans beaucoup elle se trouve vers
le bas. Cette disposition est parfaitement appropriée
à la façon dont les poissons se procurent la nourriture qui leur convient. En effet, les premiers ne
vivent que des insectes qu'un coup de vent ou leur
mauvaise fortune jette à la surface de l'eau ou fait
tomber des branches des arbres qui bordent les
berges. C'est au moment où l'insecte se débat quelque temps avant d'être englouti, qu'il est saisi par
certains poissons qui ont la bouche en l'air. Ceux
qui poursuivent de petits animaux nageurs ont la
bouche horizontale, par la raison que leur proie fuit
toujours devant eux. Enfin, cet organe a naturellement son ouverture en bas chez les poissons qui
broutent les herbes du fond ou se nourrissent d'aliments plus lourds que l'eau.

Il y a donc, comme vous pouvez le penser, pour
distribuer dans l'aquarium la nourriture aux poissons, un moyen qui peut satisfaire à la fois aux différentes manières de la prendre. L'hiver, lorsque
manquent les insectes, les larves et les vers, le plus
simple est de couper en menus morceaux de la chair
crue, de mêler ceux-ci avec quelques miettes de pain
rassis et de jeter très doucement cette mixture dans
l'aquarium. Beaucoup de ces morceaux restent quelques minutes à la surface, où les poissons dont la
bouche est en l'air viennent les prendre; d'autres

tombent lentement vers le fond et sont saisis au passage par les bouches ouvertes horizontalement ; les plus lourds se précipitent au fond, sur lequel ils sont dévorés par ceux qui ont la bouche en bas.

Quelque précaution qu'on prenne pour mesurer la quantité de nourriture au nombre et à l'appétit des habitants, il est impossible que des bribes, cachées entre les pierres et les plantes, n'échappent pas à la vue des membres de la petite famille. Ce serait là une cause permanente de dangers pour la vie de tous, sans l'adjonction de quelques animaux dont le rôle est de veiller à la police et à la salubrité de la cité aquatique. Au nombre des agents les plus actifs de la salubrité est justement ce poisson moustachu dont je vous ai parlé en dernier lieu, la loche. Toujours couchée sur le sable, qu'elle fouille de son museau, elle découvre entre les pierres et sous les plantes, à l'aide de ses barbillons ou palpes, les détritus qui ont échappé à la voracité de ses compagnons. Comme elle se repose la nuit, et ne pourrait d'ailleurs venir à bout d'un gros morceau tel qu'un animal mort, je lui ai adjoint un compagnon noctambule, qui, lui, se repose le jour et travaille la nuit. Ce travailleur nocturne est une écrevisse, dont on ne voit en ce moment que les deux antennes sortant du fond d'une grotte étroite où elle s'est cachée. J'en avais placé deux dans mon aquarium, et je les avais choisies petites, car ces animaux, habitués à l'eau courante, sont difficiles à acclimater ; mais l'une d'elles s'est laissée mourir de nostalgie.

Quand le soleil se couche et que la nuit arrive, je
la vois sortir de sa cachette, allonger ses robustes
pinces et explorer le sable de ses palpes, cachées
sous le corselet. Elle marche droit devant elle, et
non pas en arrière, comme on le croit généralement ;
mais si quelque chose l'effraye, elle allonge ses pinces, replie ses pattes le long du corps et, battant
l'eau de sa queue comme d'une rame, elle fuit à recu-

Ecrevisse.

lons cent fois plus vite qu'elle ne pourrait le faire en
marchant.

La forme de l'écrevisse est allongée ; son corselet
est rond ; sa tête se termine en dessus par une corne
plate, courte et pointue, de chaque côté de laquelle
sont insérés les yeux. Ceux-ci sont globuleux, réti-
culés et portés sur un pédoncule qui peut se mouvoir dans tous les sens. En avant des yeux sont les
antennes, longues cornes articulées, très mobiles et
très délicates, qui sont pour cet animal les organes
du toucher. La bouche est munie de palpes et de mâ-

choires puissantes. Ses pieds sont au nombre de dix, et ceux de la première paire sont terminés par une pince à deux mâchoires fortement dentelées. L'abdomen, aussi long que le reste du corps, est recouvert en dessus de cinq arceaux crustacés, reliés ensemble par une peau souple, et l'animal peut le recourber en dessous, de manière à préserver le ventre. A l'extrémité de l'abdomen est la queue proprement dite, formée de cinq lamelles arrondies qui se meuvent comme un éventail et constituent un puissant instrument de natation. La couleur de l'écrevisse est brun verdâtre ou bleuâtre, et ce n'est que par la cuisson que sa carapace devient d'un beau rouge.

Comme je vous l'ai dit, j'avais introduit dans mon aquarium deux écrevisses, espérant que la société leur ferait mieux supporter les ennuis de la captivité. Mais l'une d'elles s'étant laissée mourir, j'avais naturellement retiré son cadavre et l'avais jeté dans la rue. Jugez de mon étonnement, lorsqu'un beau matin je revis dans mon aquarium deux écrevisses ! Je me frottai les yeux, pensant d'abord que j'y voyais double ; mais tous les objets environnants me paraissant très nettement distincts, je fus bien obligé de reconnaître que j'avais devant moi deux écrevisses ; une foule d'idées saugrenues envahirent mon esprit ; à coup sûr, l'écrevisse morte que j'avais jetée dans la rue n'avait pu ressusciter et monter mes cinq étages pour venir retrouver sa compagne. Ce ne pouvait être non plus un petit nouvellement éclos, puisqu'elles étaient d'égale grosseur. Au bout de quelques instants, je m'aperçus que l'une était de couleur beaucoup plus claire que l'autre, et que celle-là remuait les antennes et les pattes, tandis que l'autre semblait pétrifiée et ne bougeait pas. Je saisis cette dernière avec des pinces, et j'eus dès lors l'explication du mystère ; la carapace était vide; c'était une armure montée de toutes pièces, mais il n'y avait personne dedans.

Chez les écrevisses comme dans les insectes, le squelette est extérieur ; mais, tandis que ces derniers naissent avec toute leur grosseur, les écrevisses sortent de l'œuf très petites, et comme leur enveloppe calcaire est inflexible et ne laisse aucun vide qui permette à leur corps de s'étendre, elles sont obligées de la quitter, comme on fait d'un habit devenu trop étroit. Les écrevisses quittent leur peau, ou plutôt leur carapace, à peu près une fois tous les ans, et la manière dont elles s'en débarrassent est curieuse.

Lorsque le moment de la mue approche, le crustacé cesse de prendre de la nourriture ; il se prépare à cet acte important par un jeûne rigoureux ; on le voit frotter ses pattes les unes contre les autres, se retourner sur le dos, replier et étendre brusquement sa queue à différentes fois, agiter ses antennes et faire toutes sortes de mouvements, dans le but, sans doute, de détacher sa carapace pour la quitter. Puis, gonflant son corps comme un individu, qui, en se croisant trop brusquement les bras, fait craquer son habit dans le dos, il fait une ouverture entre la cara-

pace et l'abdomen en dessous, et c'est par là qu'il
fait sortir la partie antérieure de son corps, après
avoir dégagé ses yeux, ses antennes, ses pinces, et
successivement toutes ses pattes. Mais c'est précisé-
ment là le difficile, et l'on a peine à comprendre
comment l'animal peut dégainer de leur étui les
yeux, qui sont portés sur de minces pédicules, comme
une tête d'épingle sur sa tige, et les pinces, dont le
dernier article est plus gros que les précédents. Il en
vient cependant à bout en quelques minutes. Il ne
reste plus alors qu'à se débarrasser des pièces de
l'abdomen et de la queue, ce qu'il fait au moyen
d'une violente secousse.

Ce qu'il y a de plus singulier, c'est que l'animal
abandonne sa vieille défroque sans la briser; en
sorte qu'elle représente une seconde écrevisse, qu'on
pourrait confondre avec la première, comme je
l'avais fait, si sa légèreté et sa transparence ne lais-
saient voir qu'elle est vide.

Commé je vous l'ai dit, l'écrevisse est un utile
agent de la salubrité, en ce qu'elle supprime pour se
nourrir les substances qui tendent à se corrompre,
et elle me dispense ainsi de changer l'eau, dont l'aé-
ration est d'ailleurs entretenue dans de bonnes conditions, pour la respiration des animaux, par les
plantes aquatiques.

L'écrevisse est vaillamment secondée dans ce travail d'épuration par de petits animaux que vous connaissez bien, les têtards, destinés, comme vous le
savez, à devenir des grenouilles. J'ai toujours soin

d'en approvisionner mon aquarium, et ils en font
disparaître les détritus, soit végétaux, soit animaux,
avec une merveilleuse rapidité. Il est vrai qu'eux-
mêmes disparaissent assez rapidement ; car mes
tritons et mes poissons s'offrent comme un régal les
plus petits d'entre eux. Ils ne se font eux-mêmes
aucun scrupule de grignoter leurs frères lorsqu'un
de ceux-ci vient à mourir ou se trouve paralysé par
la maladie. On les voit alors rassemblés autour du
moribond, dont ils font chère lie.

Les pierrailles, qui jouent le rôle de rochers dans
mon aquarium, sont revêtues, sur toute leur surface
plongée dans l'eau, d'une mousse verte qui n'est pas
désagréable à l'œil ; ce sont des conferves, végétaux
rudimentaires qui s'enchevêtrent comme les filaments d'une molle ouate, et qui s'étendent partout
sous l'influence de la lumière. Elles se développent
rapidement sur toutes les saillies, et auraient bientôt
gagné les vitres, qu'elles recouvriraient d'un enduit
impénétrable à la vue, si je n'avais des faucheurs
qui travaillent sans relâche à les tenir en respect.
Ces faucheurs infatigables ne sont ni des poissons,
ni des crustacés, mais des mollusques à coquille, qui
ont de grands rapports, bien que vivant dans l'eau,
avec les limaçons terrestres. Ils sont de deux sortes :
les uns se nomment *lymnées*, les autres *planorbes*.
Celles-ci ont une coquille mince, en forme de disque
aplati et dont tous les tours de spire sont visibles
en dessus et en dessous, ayant un peu l'apparence
d'une corne de bélier. L'animal est de forme conique,

très allongé, et rampe sur un pied ovale assez large.
Ses cornes, ou tentacules, sont très longues, minces,
pointues, et portent les yeux à leur base interne. Sa
bouche, placée en dessous, est fendue en forme
de T; elle est munie supérieurement d'une large
dent cornée en croissant, et inférieurement d'une
langue courte, hérissée de petits crochets cartilagi-

Planorbe et lymnée.

neux, au moyen desquels le mollusque râpe en quelque sorte les tissus végétaux. On rencontre les planorbes en abondance dans toutes les eaux douces
dont le fond est garni d'herbes aquatiques, qu'elles
broutent paisiblement. Elles viennent souvent à la
surface, où elles nagent la coquille renversée.

Les planorbes déposent sur les plantes aquatiques
leurs œufs, enveloppés dans une masse gélatineuse,
par laquelle ils adhèrent aux feuilles et aux tiges.

Mais, dans l'aquarium, les petits mollusques sont aussitôt dévorés que nés. Si donc on veut jouir de l'intéressant spectacle de leur sortie de l'amas gélatineux, par centaines, comme un essaim de perles d'or, il faudra mettre à part, dans un bocal, les tiges sur lesquelles sont fixées les masses d'œufs et les exposer en pleine lumière.

Les lymnées, non moins répandues que les planorbes, et dont les mœurs sont analogues, sont faciles à reconnaître à leur longue coquille pointue, rappelant la forme d'un bonnet de magicien. Comme les planorbes, les lymnées viennent fréquemment à la surface de l'eau, où elles nagent la coquille renversée; car ces mollusques ne peuvent rester très longtemps sous l'eau, obligés qu'ils sont de respirer l'air en nature, comme tous les animaux pourvus de poumons.

Il est fort curieux de voir ces mollusques nager à la surface, renversés de manière à présenter en l'air la face inférieure de leur pied. Dans cette position, ils se meuvent lentement, en exécutant un mouvement de reptation, et l'on se demande comment la couche d'eau excessivement mobile, sur laquelle l'animal agit, peut offrir assez de résistance pour lui permettre de ramper comme un corps solide. Voilà donc tous mes faucheurs à l'œuvre; les uns sont en train de tondre les prairies qui s'étendent sur mes rocailles, tandis que d'autres nettoient les glaces en dévorant tout ce qui s'y attache, et cela au moyen de leur langue, aussi râpeuse que celle d'un chat.

Je ne vous parle pas d'une foule d'insectes d'eau
que vous connaissez déjà : ce sont des nèpes, des
hydrocorises, de petites espèces de dytiques, qui
parcourent dans tous les sens l'aquarium, et par la
rapidité de leur natation échappent à la voracité des
poissons et des tritons, tandis que sur le sable du
fond marchent gravement des larves aux formes
bizarres, dont je m'amuse à suivre les mœurs et les
transformations.

Nèpe.

Quant à la notonecte, avec laquelle vous avez fait
connaissance d'une manière assez désagréable, s'il
vous en souvient, c'est une bête dangereuse, malgré
sa petite taille, et qui ne se fait nullement scrupule
de saigner un têtard ou même d'assassiner un jeune
poisson. Il en est de même du gros dytique, dont la
férocité est telle, qu'on ne peut l'admettre sans danger au milieu d'une population paisible. Je l'ai appris
à mes dépens. Ayant mis un de ces gros insectes
dans mon aquarium, je le vis un jour s'élancer sur

une carpe, s'attacher à son flanc, et malgré l'agitation violente de celle-ci, ne lâcher prise qu'après avoir enlevé le morceau. Un autre jour, je le vis bondir comme un tigre sur un hydrophile plus gros que lui, s'accrocher sur son dos et, lui enfonçant ses mandibules tranchantes au défaut de la cuirasse, entre la nuque et le corselet, lui séparer la tête du tronc. Je n'ai pas besoin de vous dire si j'éliminai promptement ce meurtrier.

L'hydrophile est, au contraire, très pacifique. C'est un des insectes d'eau les plus remarquables non seulement par sa taille et sa conformation, mais encore par son industrie. C'est un gros scarabée, de forme ovalaire, d'un brun verdâtre luisant; ses jambes de derrière sont armées d'un fort éperon, et sa poitrine se prolonge en une longue épine acérée qui peut blesser d'une manière assez vive, si on le saisit sans précaution.

Plus prévoyante que la plupart des insectes d'eau, la femelle de l'hydrophile construit une coque pour y déposer ses œufs. Si vous voulez jouir du spectacle de son industrie, il faut la placer dans un bocal séparé avec quelque plante aquatique; car dans l'aquarium elle ne saurait travailler au milieu des allées et venues continuelles des autres habitants. Vers la fin de mai, époque de la ponte, elle se met en devoir de filer sa coque. Elle se fixe au moyen de ses pattes au revers de quelque feuille qui flotte sur l'eau, s'y place en travers, le ventre appliqué contre la feuille, et y colle des fils argentés au moyen de

deux filières dont est munie l'extrémité de son abdomen. Elle entre-croise successivement ces fils les
uns sur les autres, et finit par former une sorte de
poche dont son abdomen fait le moule. Elle change
alors de position, consolide cette poche en y ajoutant
de nouvelles couches de fil et l'enduit d'une liqueur
gommeuse qu'elle a la faculté de sécréter, de façon

Hydrophile.

à la rendre imperméable à l'eau. Le cocon terminé,
elle y dépose quarante à cinquante œufs blancs,
oblongs, régulièrement rangés les uns à côté des
autres, puis elle ferme sa coque et la surmonte d'une
longue pointe conique d'un tissu plus lâche que le
reste, pour permettre à l'air d'y pénétrer. Tout ce
travail lui prend environ quatre heures.

Douze à quinze jours après naissent les larves;
elles s'agitent d'abord les unes sur les autres dans

leur berceau, jusqu'au moment où la faim les en fait
sortir pour chercher leur nourriture.

L'hydrophile à l'état parfait est herbivore; mais il
n'en est pas de même de sa larve, qui est exclusive-
ment carnassière. Cette larve, qui rampe sur le fond
de sable de mon aquarium, est allongée et épaisse;
sa tête, large et cornée, est armée de deux fortes
mandibules dentées. Les trois premiers anneaux de
son corps, auxquels sont attachées les pattes, sont
recouverts de plaques cornées très dures; le reste du
corps est mou et recouvert d'une peau ridée en travers. La tête de cette larve est articulée avec le corselet de manière à pouvoir se renverser sur le dos;
et ce n'est pas en vain que la nature a donné aux
larves des hydrophiles cette singulière conformation.
En effet, lorsqu'elles ont saisi entre leurs pinces
quelqu'un des petits mollusques à coquille mince
dont elles font leur nourriture, elles reploient leur
tête en arrière, en élevant un peu le dos, et celui-ci
leur sert de point d'appui pour casser l'enveloppe,
et de table pour dévorer à leur aise l'animal qu'elle
contenait.

Mais nous n'avons encore fait que jeter un regard
sur les géants de cet océan en miniature; que serait-
ce donc si, l'œil armé du microscope, nous passions
en revue les milliers de petits êtres, pour ainsi dire
accessoires, qui vivent dans les eaux de mon aquarium. La plupart y sont venus je ne sais trop comment;
ou plutôt, ils y ont été transportés, sans le
savoir, avec les plantes aquatiques. D'autres y sont

venus d'eux-mêmes, et ces hôtes imprévus ne sont
pas les moins intéressants à étudier.

Tenez, au moment où je vous parle, voici justement un cousin qui vient de se poser sur un brin
d'herbe à fleur d'eau. Observons ses mouvements :
il croise d'abord ses deux longues jambes de derrière, puis dépose un à un ses œufs, qui ont la forme
de bouteilles ; il les fait glisser le long de ses pattes,
de manière à les maintenir debout, et les agglutine
l'un contre l'autre jusqu'à ce qu'ils forment une
masse suffisante pour voguer sans risque comme un
petit radeau. Quarante-huit heures après la ponte
sort de chaque œuf un petit ver, ou larve, qui vit
dans l'eau et nage avec rapidité, bien qu'il n'ait pas
de membres. Sa tête est grosse et arrondie ; son
corps long et mince, et sa forme rappelle un peu
celle d'un jeune têtard. Son abdomen est terminé
par une étoile à cinq pointes, et c'est par cette ouverture étoilée que l'insecte respire l'air dont il a besoin ;
aussi la tient-il à fleur d'eau, tandis que le reste du
corps est submergé. Si quelque chose l'inquiète, il
replie les cinq branches de son étoile et gagne le
fond de l'eau, où il peut rester longtemps avec la
provision d'air qu'il y emporte. Pendant trois mois,
la larve du cousin vit dans l'eau, se nourrissant des
détritus en voie de décomposition qu'elle renferme ;
très utile en cela, puisqu'elle prévient ainsi la corruption du liquide.

Ces larves se changent en nymphes, vivant aussi
dans l'eau, et qui, après être restées huit à dix jours

dans cet état, se préparent à subir leur transformation en insectes parfaits. Cette dernière métamor-
phose, qui, d'un animal aquatique, va faire un vola-

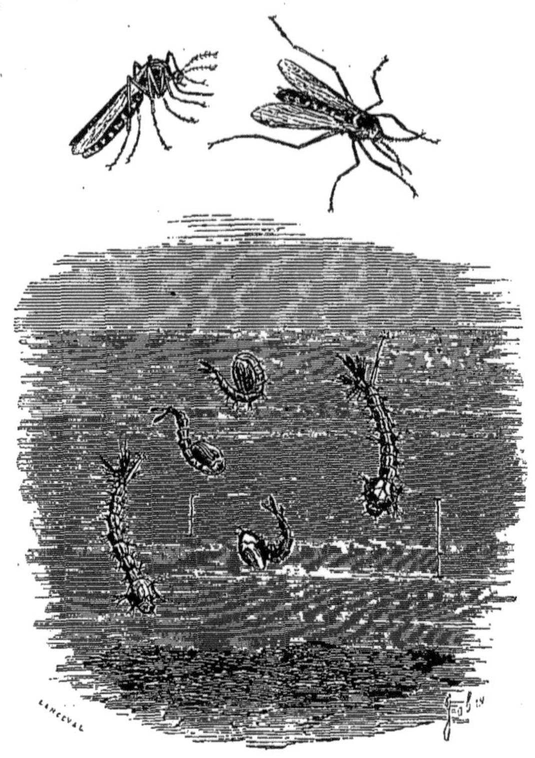

Cousins et leurs métamorphoses.

tile, est des plus intéressantes à observer, et l'on ne
saurait trop admirer l'adresse et les prodiges d'équilibre qu'il faut à ce petit être pour sortir sain et sauf
de cette épreuve. Voici à point une nymphe qui

monte à la surface de l'eau et s'y tient immobile ; sans doute elle se prépare à quitter son humide séjour.

En effet, la voilà qui se gonfle ; sa peau se fend sur le dos et l'on voit apparaître le corselet vert du cousin. Tout doucement il se dégage de son enveloppe ; son corselet, puis sa tête, ornée de deux antennes en forme de panaches, se dressent hors de sa dépouille. Voici pour lui l'instant critique ; il se trouve entre la vie et la mort. Cet insecte qui, il n'y a qu'un instant, vivait dans l'eau et aurait péri si on l'en avait tiré, n'a rien autant à craindre actuellement que l'eau ; s'il y tombe, s'il touche seulement ce liquide, c'en est fait de lui. Un souffle d'air, un mouvement maladroit suffiront pour le submerger. Et voilà que je deviens inquiet sur son sort, que je m'intéresse à ce buveur de sang, qu'en toute autre occasion j'écraserais sans pitié.

Le cousin s'élève peu à peu par l'ouverture ; il sort ses pattes et se pousse au dehors. Bientôt il est dressé comme un mât au milieu d'une nacelle que la moindre brise peut faire chavirer, et l'on a peine à comprendre comment il peut se maintenir dans cette position. Ses ailes, molles et humides, sont collées contre son corps, et il ne peut s'en servir. Enfin, il parvient à faire sortir son abdomen du fourreau ; il étend ses ailes, qui sèchent presque aussitôt, et prend sa volée. Dès lors il est notre ennemi et cherche l'occasion de se gorger de notre sang.

Mais je vous raconte là l'entrée dans le monde

d'un cousin protégé par quelque bonne fée ; il s'en
faut que tous aient cette fortune de naître par un jour
calme et serein. Des millions sont heureusement
noyés, à leur naissance, par le moindre souffle au
dehors, et si, dans mon aquarium, ils n'ont à craindre
ni le vent ni la pluie, bien peu échappent à la voracité de mes poissons ou à l'agitation de l'eau pro-
duite par leurs ébats. C'est sur ces nombreuses
chances de mort que je compte pour ceux qui sont
ici ; car il m'en cuirait d'établir chez moi une nour-
ricerie de cousins.

En explorant à l'aide d'une loupe l'étendue de
mon domaine, je viens d'y découvrir un curieux animal. Sous le plafond de verdure que forment à la
surface de l'aquarium les lentilles d'eau et autres
plantes flottantes, sont accrochées des hydres. Figu-
rez-vous une sorte de tube court et renflé, gélatineux, demi-transparent, légèrement verdâtre ou grisâtre, égalant à peine la grosseur d'une épingle, et
terminé par huit longs bras ou tentacules déliés, au
milieu desquels se trouve une ouverture, la bouche
de l'animal. On dirait un martinet dont les lanières
seraient deux fois longues comme le manche. C'est
un polype d'eau douce, une hydre, l'un des êtres les
plus extraordinaires de la création.

L'hydre s'attache aux plantes aquatiques et aux
autres corps submergés par son extrémité inférieure,
et s'y amarre solidement. Elle se balance mollement
et gracieusement sur son point d'appui, allongeant
et agitant ses grands bras dans tous les sens en

quête d'une proie. Lorsqu'une malheureuse bestiole
vient à toucher l'un des bras du polype, celui-ci,
souple comme un serpent, s'enroule autour du corps
de sa victime et l'entraîne dans sa bouche, ou plutôt
dans l'ouverture de son sac, qui se referme comme
une bourse. Le polype avale quelquefois une masse
d'aliments trois ou quatre
fois plus considérable que
son corps, qui se gonfle
alors outre mesure. A
cause de la demi-transpa-
rence de son corps, le
genre de nourriture que
prend l'hydre influe sur sa
coloration ; les naïs la rendent rouge, les pucerons
verte, les têtards noire.

Lorsqu'on observe avec
attention le polype d'eau
douce, on voit de petits

Hydres et lentilles d'eau.

bourgeons se former à la surface extérieure du sac
de l'animal. Ces bourgeons grossissent, se gon-
flent, se couronnent bientôt de mamelons, de jour
en jour plus saillants, et s'ouvrent enfin comme une
fleur qui s'épanouit. Ces étranges fleurs ne sont
autres que de petites hydres qui se détachent du
corps de leur mère et vont, après avoir vogué quelque
temps, se fixer à quelque plante pour y vivre d'une
vie indépendante. On voit se produire parfois un
fait très curieux : pendant que le jeune polype est

encore adhérent au corps de sa mère, un autre petit
se développe à son tour sur·son propre individu,
et quelquefois même un quatrième bourgeonne sur
ce dernier, de manière que, comme le dit Bonnet,
qui a fait une étude approfondie de ces animaux, la
mère porte à la fois son fils, son petit-fils et son
arrière-petit-fils, et forme ainsi une sorte d'arbre
généalogique vivant.

Notre hydre est un animal bien plus extraordinaire
que l'hydre de la Fable, dont triompha Hercule ; tant
il est vrai que le merveilleux de la vérité l'emporte
toujours sur le merveilleux de l'imagination. En effet,
il repoussait bien des têtes à l'hydre de Lerne quand
on les coupait, mais chaque tête coupée ne devenait
pas une hydre. Or, c'est ce qui arrive à la nôtre. Si
l'on coupe les bras d'un polype, chaque bras constitue
bientôt un polype entier, et le mutilé n'en est pas
plus pauvre pour cela, car il lui repousse de nouveaux
bras. Bien plus, si nous coupons notre hydre en huit
ou dix morceaux, en vingt, en cent, chaque parcelle
reproduira au bout d'un certain temps un individu
complet.

Autre singularité : on peut retourner un polype
comme un doigt de gant, l'animal n'en paraîtra nullement gêné ; seulement il vivra à l'envers, respirant
par les parois de son estomac et digérant par sa peau
extérieure. Je n'oserais pas affirmer cependant que
cette position soit agréable au polype, car il fait des
efforts pour se remettre à l'endroit, et il y parvient
quelquefois. Lorsqu'on retourne ainsi un polype qui

porte des petits à la surface de son corps, ceux-ci
se trouvent naturellement enfermés dans l'estomac;
ils continuent à grandir dans le sac et sortent ensuite
par la bouche de leur mère. Mais, lorsqu'ils sont peu
développés et commencent seulement à bourgeonner,
les petits se retournent d'eux-mêmes et surgissent à
l'extérieur du corps de leur mère, où se poursuit leur
croissance. N'est-ce pas là une des choses les plus
curieuses parmi les curiosités de la nature? Et si,
poussant plus loin l'observation, on étudie l'organisation de ces êtres singuliers, on voit qu'ils n'ont ni
cœur, ni poumon, ni intestin, ni tête, ni cerveau ;
partant, ni vue, ni goût, ni odorat; leurs tentacules
leur servent de bras, de pieds, de lèvres et de tous
les organes des sens. Et cependant ils guettent leur
proie, la saisissent et la dévorent ; jamais ils ne se
trompent sur sa nature et sur sa taille, et rarement
ils manquent leur coup. Ils sont sensibles à la lumière
et au bruit, savent éviter leurs ennemis et se mettre
à l'abri du danger qui les menace. Comment peuvent-
ils accomplir tous ces actes?

Mais voilà une bien longue lettre, ma cousine ;
c'est presque un volume, et je vous demande pardon
d'avoir ainsi abusé de votre patience. Cependant, en
songeant à tout ce qu'il y a d'intéressant dans un
espace d'un mètre carré, ne vous étonnez-vous pas
comme moi de voir tant de gens trouver le moyen de
parcourir le monde en bâillant, sans y rencontrer jamais rien qui leur plaise ou leur présente un sujet de
méditation? Cela prouve qu'il y a de grandes diffé-

rences dans la manière dont chacun voyage. Les uns,
marchant vers leur but sans autre souci que de l'atteindre, ne semblent pas voir grand'chose en route;
ils reviennent au plus vite vous dire avec une satisfaction de vanité stérile qu'ils sont allés là ou ailleurs ; les autres, au contraire, ne laissant rien échapper de ce qu'ils rencontrent, s'en retournent chargés
d'une ample moisson ; moins ambitieux, mais plus
sages, ils ont à cœur de signaler chacun de leurs pas
par une remarque intéressante ou une observation
instructive. Et j'éprouve une vive satisfaction, ma
cousine, à pouvoir dire que nous sommes de ces derniers.

www.ingramcontent.com/pod-product-compliance
Ingram Content Group UK Ltd.
Pitfield, Milton Keynes, MK11 3LW, UK
UKHW020200130726
13696UKWH00002B/615